Die Kalkulation
und Organisation in Färbereien
und verwandten Betrieben.

Die Kalkulation und Organisation in Färbereien und verwandten Betrieben.

Ein kurzer Ratgeber
für Chemiker, Koloristen, Techniker, Meister und Kaufleute in Färbereien, Druckereien, Bleichereien, Chemisch-Wäschereien, Appreturanstalten, Textilfabriken usw.

Von

Dr. W. Zänker,
Leiter der Färberei-Schule in Barmen.

Berlin.
Verlag von Julius Springer.
1911.

ISBN-13: 978-3-642-93762-0 e-ISBN-13: 978-3-642-94162-7
DOI: 10.1007/978-3-642-94162-7
Softcover reprint of the hardcover 1st edition 1911

Seinem Schwiegervater

Herrn Robert Bansa,

vorm. Direktor der Mitteldeutschen Kredit-Bank in Frankfurt a. M.,

in Verehrung und Dankbarkeit

gewidmet.

Vorwort.

Während meiner praktischen Tätigkeit in der Färbereitechnik habe ich sehr häufig Gelegenheit gehabt, die Art der Selbstkostenberechnung und Organisation in Färbereien und ähnlichen Betrieben in ihrer Beziehung zur Technik eingehend kennen zu lernen und hier und da helfend und beratend einzuspringen. Später habe ich mich bemüht, die gewonnenen Kenntnisse und Erfahrungen im Interesse meiner Schüler zu verwerten und weiter auszubauen. Für diese ist auch die hier gegebene Darstellung in erster Linie bestimmt. Sollte sie auch in weiteren Kreisen Zustimmung finden und dazu führen, daß man der Kalkulation und Organisation namentlich in den kleineren Färbereien größere Aufmerksamkeit zuwendet, so würde ich dies mit Freuden begrüßen.

Wie sehr dieses außerordentlich wichtige Gebiet von den Färbereitechnikern bisher vernachlässigt worden ist, zeigt nicht nur die Praxis direkt, sondern auch die gerade auf dem Färbereigebiet umfangreiche Literatur. Hier finden sich nur ganz kurze und unzusammenhängende Notizen, die auf Erfahrungen bei der Selbstkostenberechnung und Organisation im Färbereibetriebe Bezug haben. Für das vorliegende kleine Werkchen fand ich in der Färbereiliteratur kaum irgend welchen Stützpunkt. Es kann daher nur einen ersten Versuch darstellen, die Grundzüge dieses Gebiets, soweit es für den Färbereitechniker wichtig ist, zusammenzufassen. Von allen rein kaufmännischen Erörterungen wurde abgesehen. Auf die Aufstellung eines Kalkulationsmusters konnte ich nicht verzichten, trotzdem ich mir sagen mußte, daß die Eigenart der Färbereibetriebe eine so außerordentlich verschiedene ist, daß ein einzelnes Kalkulationsschema nur geringe Anhaltspunkte zu bieten vermag. Vielleicht findet ein Berufenerer, als ich es bin, in den vorliegenden Ausführungen Anregung, weiter zu bauen und zu vollenden, was ich angefangen habe.

Sollten sich diese Erwartungen auch nur teilweise erfüllen, so brauchte ich diese Arbeit als nicht vergeblich zu betrachten. Zum Schluß möchte ich nicht unterlassen, Herrn Chemiker und Färbereibesitzer Fr. Eppendahl jr. für seine wertvollen Hinweise und die freundliche Hilfe bei der Durchsicht des Manuskripts meinen herzlichsten Dank auszusprechen. Ebenso habe ich Herrn Chemiker-Kolorist Paul Weyrich, meinem Mitarbeiter an der Färbereischule, für seine Hilfe bei der Aufstellung des Kalkulationsbeispieles bestens zu danken. Wohlmeinende Ratschläge, die zu einem weiteren Ausbau des Buches und zur Förderung der demselben zugrunde liegenden Absicht beitragen, werde ich stets mit ganz besonderem Danke annehmen.

„Haus Stille" Rengsdorf bei Neuwied a. Rh.,
Mitte September 1911.

Dr. W. Zänker.

Inhaltsverzeichnis.

Seite

A. Allgemeiner Teil.

Das Wesen und die Bedeutung der Kalkulation und Organisation 1
Technik und Wirtschaftsleben. — Preisgebundenheit. — Neuorganisation — Organisation und Geschäftsgang. — Kalkulation als Lehrfach. — Technisch-wirtschaftliches Denken. — Literatur. — Fortschritte und Schwierigkeiten der Färbereikalkulation. — Lohnfärbereien und Fabrikfärbereien. — Konkurrenz. — Preisbestimmung. — Folgen falsch berechneter Färbelöhne. — Färber-Konventionen. — Richtige Kalkulation. — Zukünftige Entwicklung.

Die Färbereibuchführung 14
Wichtigkeit der Buchführung. — Ungenaue Führung der Bücher. — Unpraktische Buchführung. — Streben nach Einfachheit. — Sachgemäße Buchführung. — Komplizierte Buchführung. — Zettel- oder Kartensystem. — Ausfüllen der Karten. — Arbeitsverzögerungen. — Eilige Partien. — Vorteile des Kartensystems.

Das Lohnwesen in der Färberei 20
Schwerpunkt der Selbstkosten. — Höchstleistung — Lohnsystem. — Zeitlohnsystem. — Vorzüge und Nachteile. — Arbeiterorganisationen. — Stück- oder Akkordlohn. — Abneigung gegen das Akkordsystem. — Grundlagen richtiger Akkordlöhne. — Neueinführung des Akkordes. — Akkordarbeit und Organisation. — Abneigung gegen die Akkordarbeit. — „Billig" arbeitende Färbereien. — Akkordarbeit bei schwierigen Farben. — Akkordarbeit als Existenzbedingung.

B. Spezieller Teil.

Die Einteilung der Selbstkosten 29
Art der Selbstkosten. — Unkosten. — Färbekosten. — Spezialfärbereien. — Einheitliche und geteilte Unkosten. — Abteilungsunkosten. — Art der Färbekosten. — Zusammenfassung aller Kosten. — Erhöhung der Leistungsfähigkeit des Betriebes.

X   Inhaltsverzeichnis.

Seite
I. Die Generalunkosten 35
   Meistergroschen. — Moderne Generalunkosten. — Preisunterbietungen. — Unkostenzuschläge und falsche Rechnungen. — Kontrolle der Unkosten. — Mitwirkung des Meisters. — Selbsttäuschungen und Verluste.
II. Die Abteilungsunkosten 38
   Wesen der Abteilungsunkosten. — Teilung und Wiedervereinigung der Generalunkosten. — Notwendigkeit der Nachprüfung. — Feststellung des Dampfverbrauches. — Dampfmesser. — Weiterer Nutzen des Dampfmessers. — Wasserverbrauch. — Verzinsung und Amortisation.
III. Die Färbekosten 43
   Abneigung des technischen Personals. — Falsche Angaben. — Ursache der Abneigung. — Färberezepte. — Geheimniskrämerei. — Feststellung des Materialverbrauches. — Abwiegen. — Feste und flüssige Farbstoffe. — Aufschmieren. — Materialverschwendung. — Materialverwaltung. — Musterbuch. — Musterkollektionen. — Färben nach Muster. — Verteilung der Arbeitskräfte. — Färbereischüler. — Chemiker. — Färbereichemiche Untersuchungen. — Probefärbungen. — Echtheitsprüfungen. — Laboratoriumsgeräte. — Betriebskontrolle. — Staatliche Fachschulen. — Zukunft der Färberei-Industrie.

Beispiel der Färberei-Kalkulation für eine Baumwoll-Garnfärberei.

I. Generalunkosten 58
II. Abteilungsunkosten 59
   — A. Abteilung Bleicherei. — B. Abteilung Mercerisieranstalt. — C. Abteilung Couleurfärberei. — D. Abteilung Schwarzfärberei. —
III. Direkte Kosten oder Färbekosten 62
   A. Selbstkosten für das Abkochen. — B. Selbstkosten für das Trocknen. — C. Selbstkosten für das Mercerisieren. — D. Selbstkosten für das Bleichen. — E. Selbstkosten für ein Hellblau, lichtecht. — F. Für ein Scharlach säureecht. — G. Für Hellbraun vorgebleicht. — H. Crême, gebleicht und mercerisiert. — J. Rosa, gebleicht und mercerisiert. — K. Marineblau ordinär. — L. Reinblau, vollständig waschecht (Indanthrenblau). — M. Schwefelschwarz. — N. Direktschwarz ordinär.
Literatur 72

A. Allgemeiner Teil.
Das Wesen und die Bedeutung der Kalkulation und Organisation.

In unserm heutigen Wirtschaftsleben, die Färberei nicht ausgenommen, bricht sich immer mehr die Erkenntnis Bahn, wie innig Technik und Organisation miteinander verknüpft sind. Kein Teil der kaufmännischen Tätigkeit in der Färberei bedarf so sehr der Mithilfe des Fachmannes wie gerade die Kalkulation, wenn sie eine sachgemäße und richtige sein soll. Die Färbereikalkulation bildet ihrer ganzen Natur nach ein Gebiet, auf dem sich sowohl der Fachmann, wie auch der Kaufmann zu betätigen haben.

Die modernen färbereitechnischen Arbeitsmethoden führten allmählich dahin, die Kalkulation und Organisation immer mehr zu einem Arbeitsfelde auch des fachkundigen Technikers zu machen, während sie früher das alleinige Gebiet des leitenden Färbereikaufmanns waren.

Alle technische Arbeit, auch diejenige in der Färberei, vollzieht sich im Rahmen und im Dienste der Wirtschaft, denn ihr Zweck bleibt immer der, dem Arbeitenden Nutzen und Gewinn zu bringen. Ebenso wie der Ingenieur keinen Strich auf dem Reißbrett ziehen soll, ohne sich über die wirtschaftlichen Voraussetzungen und Konsequenzen klar zu sein, so sollte auch der Färbereichemiker ohne diese Voraussetzungen keinen Versuch im Reagenzglase anstellen. Fast niemals macht man sich aber dieses wirtschaftliche Element der technischen Arbeit klar. Man geht vielmehr gewohnheitsmäßig, wie über etwas Selbstverständliches, darüber hinweg.

Ein recht intensives Nachdenken über den wirtschaftlichen Wert technischer Arbeit kann diese nur fördern, dem Arbeitenden neue Wege zeigen und die Technik auf die Höhe der Zeit bringen. Das Mittel, die genauere Größe des wirtschaftlichen Wertes technischer Arbeit festzustellen und gleichzeitig das technische und wirtschaftliche Nachdenken anzuregen und zu fördern, bildet die Kalkulation, die damit gleichsam zu einem Teile der technischen Arbeit wird.

Viele Färbereitechniker haben leider eine große Abneigung, beim Arbeiten in der Färberei oder gar bei den Arbeiten im Laboratorium in Preisen, Löhnen und ähnlichem zu denken. Diese Abneigung ist bei der heutigen rein wissenschaftlichen und theoretischen Ausbildung unserer technischen Industriellen wohl verständlich, aber doch für den Einzelnen und den Fortschritt der ganzen Färbereiindustrie höchst nachteilig.

Die gesamte Arbeit in der Färberei vollzieht sich unter Bedingungen, die eine strenge Rücksichtnahme auf die Preise verlangen. Man bezeichnet diese Einschränkung technischer Arbeit vielfach als ihre „Preisgebundenheit". Nur eine genaue Kalkulation kann dem Techniker zeigen, ob die Bindung zwischen technischer Arbeit und Preis eine richtige ist. Es ist niemals eine rein technische Frage, sondern stets auch eine wirtschaftliche, ob z. B. eine neue Maschine, ein Wasserreinigungsapparat, ein Färbeverfahren oder ein neuer Farbstoff mit Nutzen in den Betrieb einzuführen ist. Kein Färbereitechniker wird eine solche Frage richtig zu beantworten in der Lage sein, wenn er nicht gleichzeitig neben der technischen auch die wirtschaftliche Seite eingehend studiert. Eine einseitige Beurteilung einer solchen Frage nur in technischer oder nur in wirtschaftlicher Hinsicht hat schon oft großen Schaden verursacht.

Kalkulation und Organisation hängen gleichfalls eng zusammen, und es kann eine gute Färbereikalkulation nur in einer zweckmäßigen und ihren Erfordernissen ganz genau angepaßten Organisation der Färberei ihren Stützpunkt finden. Beide sollen sich dem technischen Betriebe als etwas ganz Ungezwungenes und Selbstverständliches einfügen. Die Kalkulation ist hierbei der wichtigere Teil. Ihr fällt die Aufgabe zu, in allen Punkten auch des technischen Betriebes aufklärend und belehrend einzugreifen.

Die Organisation stellt gewissermaßen die Vermittlerin zwischen dem technischen und dem kaufmännischen Betriebe der Färberei, zwischen der technischen Arbeit und ihrer Verwertung dar. Sie erst ermöglicht und erleichtert dem Techniker das wirtschaftliche Denken. Man kann sagen, daß auch von der Organisationsmethode nicht in letzter Linie der in der Färberei herrschende Ton abhängt. Es gibt Organisationen, die ein ersprießliches und nutzbringendes Zusammenarbeiten aller in der Färberei tätigen Kräfte zur natürlichen Folge haben, während andere wieder mit Sicherheit nur zu Angebereien, Mogeleien, Bestechungen und Durchstechereien führen, ohne daß gerade die besten der technischen Kräfte dem Betrieb in solchem Maße nutzbar gemacht werden können, wie es der heutige außerordentlich scharfe Konkurrenzkampf verlangt. Die Persönlichkeit des verantwortlichen Färbereileiters und Organisators und ihr persönlicher und ethischer Wert sind für den im Betriebe herrschenden Ton gleichfalls von weittragender Bedeutung.

Eine durchgreifende Änderung der Organisation eines Färbereibetriebes bildet stets eine Gefahr für diesen. Sie bedingt daher von vornherein eine höhere Einsicht des betreffenden Organisators. Wenn das Ziel erreicht werden soll, darf an keiner Stelle auch nur zeit- oder streckenweise ein Rückzug versucht werden. Hier Widerstand zu leisten, ohne Schaden anzurichten, dazu bedarf es einer vollendeten Persönlichkeit. Kaum an einer anderen Stelle läßt sich der persönliche Wert eines ganzen Mannes so wirksam erproben. Nur eine gleichsam mit Feldherrntalent begabte und in ihrem Wollen unerschütterliche Persönlichkeit kann eine solche Aufgabe lösen. Sie ist so recht ein Werk der reifen Mannesjahre.

Praktisch ist die Einführung einer neuen Organisation stets eine sogenannte undankbare Aufgabe, denn die Mehrzahl der Beteiligten betrachtet jede Neuerung als höchst überflüssig, und nur selten geht jemand geistig teilnehmend mit. Besonders die älteren Angestellten leisten leidenschaftlichen Widerstand und sagen bei jeder Neuerung den Untergang des Geschäfts voraus. Nach vorhergegangener Aufklärung hilft hier nur das unerbittliche Muß. Der Organisator hat viel für sein System voraus, wenn er durch faszinierende Überzeugungskraft die maßgebenden Faktoren für sich und sein System gewinnt.

Eigentümer, Direktoren, Aufsichtsrat und sonstige in Betracht kommende Persönlichkeiten müssen von der geplanten Neuorganisation und allen beabsichtigten Veränderungen im voraus genau unterrichtet werden. Sie müssen in der Lage sein, sich schon vorher ein Bild über die voraussichtlichen Wirkungen der geplanten Organisation zu machen. Sie dürfen auch nicht im Unklaren darüber gelassen werden, daß eine moderne Neuorganisation meist die Einführung einiger gut bezahlter Hilfskräfte erforderlich macht, und daß die Zahl der Meister vielleicht steigt. Im Anfang werden unter Umständen große Störungen eintreten. Der Weggang alter und bewährter Kräfte, die in der Umwälzung der Dinge nichts als Torheit wittern und den Ruin voraussehen, ist eine Begleiterscheinung, die mitzurechnen ist. Außerdem kosten alle Organisationeinrichtungen Geld, und man sieht nicht sofort den materiellen Gegenwert dafür. Das sind zwei Hauptgründe, die zur feindseligen Haltung vieler beitragen. Aber alle, die so sagen, kennen den Grundsatz nicht, daß man, um Geld zu sparen, erst Geld ausgeben muß. Der wirkliche Organisationsgewinn kann sich eben immer erst später zeigen.

Vor allem muß immer der praktische Grundsatz gelten, daß keine Änderung der Organisation sich plötzlich vollziehen darf. Man muß immer mit der Trägheit des Organismus rechnen und muß daran denken, daß es sich im Grund um einen Wechsel der Anschauung handelt, der sich nur allmählich durchsetzen kann. Nur der unerfahrene Leiter glaubt irgendeine Einrichtung auf einen Schlag ändern zu können. Er rechnet dann nie mit der öffentlichen Meinung in der Färberei, die prinzipiell jeder Neuerung mit Mißtrauen begegnet. Zureden allein hilft hier nichts, nur offenkundige Tatsachen können allmählich die Zweckmäßigkeit einer neuen Einrichtung dartun.

Bei aller Bestimmtheit seines Vorgehens hat doch der Organisator jede nur mögliche Rücksicht zu nehmen. Er darf nicht mit der Türe ins Haus fallen und muß die Wirkung jeder seiner Maßnahmen auf Arbeiter und Beamte stets genau voraussehen. Die Erhaltung eines vollen, möglichst ungestörten Betriebes während der Einführungszeit ist die wichtigste Bedingung. Daher empfiehlt es sich, die Meister von allen Organisationsarbeiten zunächst möglichst fernzuhalten, so daß ihnen nur die Sorge für die laufende Arbeit bleibt. Zunächst müssen überhaupt nur Änderungen getroffen werden, gegen die das Mißtrauen bald schwindet, wenn jeder sieht, daß die Verhältnisse sich bessern.

Es ist aber durchaus falsch, die Neuorganisation so lange

hinauszuschieben, bis der Geschäftsgang ein übermäßig schlechter geworden ist und dazu zwingt. Es liegt in der Natur der Sache, daß ein finanziell ungesundes Unternehmen auch durch die beste Neuorganisation nicht wieder zur inneren Gesundung gebracht werden kann, sondern trotz derselben und vielleicht gar gerade infolge derselben zugrunde geht. Organisatorische Maßnahmen sind naturgemäß bei gutem Geschäftsgang am Platz, wenn die bisherigen Einrichtungen hinter den modernen Forderungen zurückgeblieben sind. Gerade im flottesten Geschäftsgang kann am leichtesten den fortschrittlichen Bedürfnissen der Zeit entsprochen werden. Viele Geschäftsleute machen sich aber über die Gesundheit ihres Geschäfts leicht ein ganz falsches Bild. Die Gewohnheit und die Tatsache, daß alles gut geht, schläfert sie ein und macht sie unfähig zur eigenen Kritik. Oft wird auch die Arbeitskraft des Chefs durch untergeordnete Verrichtungen so vollständig absorbiert, daß er den Blick für die inneren Erfordernisse seines Geschäfts und die Operationsfreudigkeit vollständig verliert.

Die Kalkulation muß, ihrer Wichtigkeit entsprechend, in einem gutgeleiteten Unternehmen in einer ebenso sorgfältigen und gewissenhaften Weise gepflegt werden wie der technische Betrieb, damit eins das andere ständig fördert. Ein dauernder wirtschaftlicher Erfolg ist nur denkbar, wenn die Theorie und Praxis der modernen Färbereitechnik Hand in Hand gehen mit wirtschaftlichem Verständnis. Hieraus allein kann sich erst für den verantwortlichen Leiter der Färberei das beruhigende Gefühl tatsächlicher Erfolge ergeben, auch gegenüber allen von der Konkurrenz in den Weg gelegten Schwierigkeiten.

Die wirtschaftliche Lage der deutschen Färbereiindustrie ist keine glänzende, und es hat sich gerade in den letzten Jahren eine große Wettbewerbsüberlegenheit solcher Färbereiunternehmen gezeigt, welche der Kalkulation und Organisation die ihr gebührende führende Stellung einräumen. Diese Tatsache hat die Aufmerksamkeit weiterer Kreise erregt, und diese Erkenntnis hat dazu geführt, daß man diesem Punkte in sehr vielen Färbereien jetzt größere Aufmerksamkeit zuwendet als früher. Auch bei dem Unterricht auf einigen technischen Hochschulen und Fachschulen werden diese Gegenstände schon eingehender berücksichtigt. Die jetzige Berücksichtigung entspricht jedoch, namentlich was das Färbereifach anbelangt, bei weitem noch nicht der Wichtigkeit der Sache selbst. Die unsere Unterrichtsanstalten verlassenden jungen Färberei-Techniker und -Chemiker sind in theoretischer und wissenschaftlicher Hinsicht meistens vorzüglich geschult. Es fehlt ihnen aber das **technisch-wirtschaftliche Denken**, mit Hilfe dessen ihnen erst eine praktische Verwertung ihrer rein technischen Kenntnisse möglich wird. Die Aneignung einer richtigen technisch-wirtschaftlichen Denkweise gelingt ihnen meistens erst nach einer längeren Praxis und nach vielen Schwierigkeiten und Mißerfolgen. Einem rein wirtschaftlichen Ausbau der Technik an unseren Lehrinstituten soll damit selbstverständlich nicht das Wort geredet werden, denn ein solcher würde die technischen Wissenschaften ihrer idealen Ziele ganz berauben. Eine Anleitung zum bewußten technisch-wirtschaftlichen Denken müßte aber dem Studierenden unbedingt schon bei der Ausbildung gegeben werden, damit der junge Techniker späterhin einen Stützpunkt und eine Grundlage findet, auf der er im praktischen Leben selbständig weiterarbeiten kann, und wodurch ihm wenigstens ein Teil der im Anfang unvermeidlichen Mißerfolge und Schwierigkeiten erspart werden könnte.

Wie sehr man auf allen anderen Industriegebieten aber schon darauf bedacht ist, der Kalkulation und Organisation auch im technischen Betriebe den ihr gebührenden Platz allmählich einzuräumen, beweist die in den letzten Jahren eschienene umfangreiche **Literatur**. Leider ist über die Kalkulation und Organisation in Färbereibetrieben bisher fast nichts geschrieben worden, und auch die angeführte Literatur anderer Gebiete enthält außerodentlich wenig Material, das sich auf einem so speziellen und besonders gearteten Betriebe, wie ihn die Färberei darstellt, verwerten ließe. Wo eine Verwertung dieser Literatur für die vorliegende Arbeit möglich war, ist es geschehen.

Andererseits kann es aber, wie auch Uhler[1]) ausführt, nicht geleugnet werden, daß viele Färbereibetriebe in bezug auf Kalkulation und Organisation in den letzten Jahren ganz bedeutende **Fortschritte** gemacht haben. Es gibt heute schon große Buntwebereien, namentlich solche, welche die ganze Fabrikation von der rohen Baumwolle bis zum ladenfertigen Stoffe betreiben, die

---

[1]) Leipziger Färber-Zeitung 1910, S. 256

eine außerordentlich genaue Organisation ihrer Betriebe eingeführt haben. Die Konkurrenzfähigkeit dieser Fabriken gegenüber den Einzelfabriken beruht besonders in der äußerst scharfen Kalkulation und der hierdurch allein möglichen Ausnützungsmöglichkeit auch des kleinsten Vorteils. Selbst dem ferner stehenden Fachmann ist es durch diese genaue und bis ins Einzelne gehende Organisation ein Leichtes, sich in den sehr komplizierten Betrieb einzuarbeiten. Die durch eine so eingehende Organisation und Kontrolle bedingte Mehrarbeit wird durch die dadurch an anderen Stellen mögliche Arbeitsersparnis reichlich wieder ausgeglichen. Die Mühe der Einführung einer solchen Organisation hat sich bisher stets gelohnt.

Es sind keineswegs nur die kleinen und kleinsten Färbereien, bei denen man eine mangelhafte Kalkulation und Organisation findet. Auch bei den großen und den in der Form von Aktiengesellschaften betriebenen Färbereiunternehmungen liegt in dieser Beziehung zweifellos noch vieles im Argen. Anderenfalls würden sich nicht die großen Aktiengesellschaften so häufig außerstande sehen, überhaupt eine Dividende zu verteilen. Eine Gesellschaft, die durchschnittlich 4—7 % Dividende bezahlt, gilt schon als sehr gut. Dieser Prozentsatz ist aber viel zu niedrig, wenn man damit den prozentualen Nutzen kleiner Privatfärbereien vergleicht und sich daran erinnert, daß der durchschnittliche Nutzen, den ein gutes Mietshaus abwirft, wenigstens 6 % beträgt. Selbstverständlich würde es ein Nonsens sein, zu behaupten, daß die Höhe des von einer Färberei erzielten Nutzens ganz allein von der Organisation derselben abhängt. Hierbei sprechen sehr viele Punkte mit. Daß andererseits aber auch die Höhe des von einer Färberei erzielten Gewinnes in sehr starkem Maße von der Art der Kalkulation und Organisation abhängt, wird kein Einsichtiger bestreiten.

Viele Färbereien kalkulieren auch heute noch überhaupt nicht, sondern akzeptieren ohne weiteres die Preise der Konkurrenz. So berichtet z. B. Kielmeyer [1]), daß früher das Kalkulieren des Technikers in den meisten Druckereibetrieben für überflüssig, ja sogar für eine Naseweisheit gehalten wurde. Das Kalkulieren war Sache und Vorrecht des Kontors, d. h. es

---

[1]) Kielmeyer, Deutsche Färber-Zeitung 1908, S. 909.

ließ sich einfach vom Reisenden sagen, wie die Konkurrenz diesen oder jenen Artikel verkaufte, und damit war die Kalkulation fertig. In heutiger Zeit dürfte wohl keine Zeugdruckerei mehr in so primitiver Weise kalkulieren. Viele dieser Betriebe kalkulieren sogar ganz außerordentlich genau und richtig, ein Ziel, welches zweifellos auch die Färbereien in naher Zukunft erreichen werden. Wieder andere Färbereien berücksichtigen die Technik bei der Kalkulation nur insofern, als sie die Musterkarten und Rundschreiben der verschiedenen Farbenfabriken zu Rate ziehen und danach die eigentlichen Farbstoff- und Chemikalienkosten kalkulieren, ohne weiter zu prüfen, ob nach diesen Laboratoriumsangaben im Betriebe auch wirklich die Nuancen erreicht werden können. Man bedenkt dabei nicht, daß zwecks eines besseren Eindruckes das Muster der Karte in Wirklichkeit mit einer etwas höheren Farbstoffmenge, als angegeben, gefärbt sein kann, und daß bei der Anfertigung der Musterausfärbungen der Karte deren Herstellern manchmal die notwendige Fühlung mit der Färbereipraxis gefehlt zu haben scheint [1]).

In der Hauptsache hat man die Schwierigkeiten einer guten und zweckmäßigen Färberei-Kalkulation und -Organisation darin zu suchen, daß die meisten Unternehmungen dieser Branche keine eigentliche fabrikmäßige Massenerzeugung betreiben. Während andere Industrien fast ausnahmslos ein reines Fabrikationsprinzip haben, d. h. eine fabrikmäßige Massenherstellung von Waren betreiben, stellen die Färbereien durchweg in erster Linie solche Farben her, die für einen ganz bestimmten Zweck besonders angefertigt werden müssen. Fast jede Farbe hat ihre besondere Eigenart, die dem besonderen Verwendungszweck, nämlich dem späteren Gebrauche des Materials, genau angepaßt werden muß. Wenn auch einige Färbereien zum Ausgleich der durch die Sonderherstellung verursachten größeren Herstellungskosten eine oder mehrere Spezialitäten übernehmen können und diese möglichst so wählen, daß es sich um die Herstellung von Massenartikeln handelt, so kann doch in den meisten Färbereien nicht allein durch dieses Mittel ein wirklicher wirtschaftlicher Gewinn verbürgt werden.

---

[1]) Stobbe, Färber-Zeitung 1897, S. 198, 213; Schwendy, Färber-Zeitung 1892—1893, S. 246.

Wesen und Bedeutung der Kalkulation und Organisation. 9

Ein weiterer Umstand verdient hervorgehoben zu werden. Man unterscheidet im allgemeinen zweierlei Färbereibetriebe: Fabrikfärbereien und Lohnfärbereien. Für die gerade nicht glänzende Lage der Färbereien spricht das Urteil der Fabriken mit eigener Fabrikfärberei, daß sie oft an ihrer Färberei nichts verdienten und gerade so günstig in Lohn färben lassen könnten. Sie haben nur den Vorteil, von fremden Betrieben unabhängig zu sein. Bei den Lohnfärbereien findet in neuerer Zeit teilweise eine immer mehr um sich greifende Umwandlung statt. Die Lohnfärberei entwickelt sich zum kaufmännischen Handelsgeschäft, leider zu ungunsten der übrigen eigentlichen Lohnindustrie. Diese Färbereien legen das Hauptgewicht auf den Verkauf gefärbter Garne. Die Färberei dient dem Garnhandel nur als Mittel zum Zweck. Der Verdienst wird nicht durch das Färben, sondern durch den Verkauf der Garne erzielt. So können z. B. große Fabrikgeschäfte vom Färber gefärbtes Garn billiger kaufen, als wenn sie selbst mit Spinnern oder Händlern große, belangreiche Abschlüsse machen und dann das Rohgarn im Lohn färben lassen. Und hiernach müssen natürlich die Fabrikanten annehmen, daß sie billiger gefärbt erhalten, da sie doch zweifellos das Rohgarn ebenso vorteilhaft einkaufen können. Trotz einer Preiskonvention der Färbereien kann so durch den Verkauf gefärbter Garne das Niveau der Farblöhne gedrückt werden, und der reine Lohnfärber, der hier zu konkurrieren versucht, verdient niemals.

Alle Selbstkostenberechnungen in den Färbereien gestalten sich außerordentlich verschieden, ebenso verschieden wie die Arten der Färbereibetriebe selbst, deren Eigenart sie sich bis ins Einzelne und Kleinste anfügen müssen. Eine alles umfassende und für jeden einzelnen Fall gültige Vorschrift über die Organisation und Kalkulation in der Färberei läßt sich daher nicht geben. Jede Beschreibung einer solchen wird vielmehr auf einen einzelnen, ganz bestimmten Betrieb Bezug nehmen müssen, wie dies auch bei dem am Schlusse dieses Buches angegebenen Schema einer Färbereikalkulation geschehen ist. Ebenso kann auch der einzelne Färberei-Organisator und -Kalkulator sich nicht anders als an einigen Einzelfällen sein Urteil bilden. Das Urteil wird daher auch nur auf diese Einzelfälle zutreffen und muß dem unter ganz anderen Bedingungen arbeitenden Kollegen manchmal etwas einseitig, wenn nicht gar falsch erscheinen. Aber auch die speziellen Angaben für eine ganz bestimmte Färberei vermögen vielleicht dem Einen oder Anderen auch für seinen Betrieb hier und da einen brauchbaren Fingerzeig zu geben. Erst die genaue Berücksichtigung der richtigen Grundsätze ermöglicht es dem vorwärtsstrebenden Färbereileiter, die Organisation seines speziellen Betriebes dauernd in die richtigen Bahnen zu leiten.

Dabei darf man jedoch nicht vergessen, daß die Aufstellung einer haarscharfen und bis auf die kleinsten Bruchteile von Pfennigen stimmenden Kalkulation etwas praktisch Unmögliches ist. Die Kalkulation der einzelnen Partie während des Färbens stellt gewissermaßen nur eine Vorausbestimmung der größten Wahrscheinlichkeitswerte für die Zukunft dar, denn sie kann in vielen sehr wesentlichen Punkten nur die Werte der Vergangenheit, d. h. des letzten Abschlußjahres, zugrunde legen und hiernach den wahrscheinlichen und voraussichtlichen Wert für das laufende Jahr veranschlagen. Wie groß diese Werte im laufenden Jahre sein werden, läßt mit vollständiger Sicherheit erst der Abschluß erkennen. Die laufende Kalkulation ergibt daher stets nur Annäherungs- oder Durchschnittswerte, die selbstverständlich aber sachgemäß und mit größter Sorgfalt aufgestellt und so genau stimmend sein müssen, wie dies praktisch überhaupt möglich ist. Sie werden dann auch nur ganz unwesentlich von der am Schluß des Jahres sich ergebenden Wirklichkeit abweichen.

Eine sachgemäße und richtig aufgebaute Selbstkostenberechnung ist für jeden Färbereibetrieb eine unbedingte Notwendigkeit. Keine Färberei kann leistungsfähig sein und finanziell auf sicherem Boden stehen, wenn die Selbstkosten nicht für jeden einzelnen Färbeauftrag leicht und mit möglichster Genauigkeit festgestellt werden können. Nicht nur das einzelne Unternehmen, sondern auch die Gesamtheit der Färbereibranche hat ein lebhaftes Interesse daran und selbst den größten Nutzen davon, wenn man in jeder einzelnen Färberei so genau wie nur irgend möglich weiß, wie sich die Selbstkosten für jeden einzelnen Färbeauftrag stellen. Durch Farblöhne, die ein Färbereibesitzer mangels einer guten Selbstkostenberechnung nicht genau genug nachprüfen kann, schädigt sich dieser nicht nur allein, sondern auch die sämtlichen mit ihm konkurrierenden Betriebe. Denn nur zu leicht setzt erfahrungsgemäß ein Färber, wenn er durch seine Kundschaft von den niedrigen Färbelöhnen der Konkurrenz unterrichtet wird, auch die eigenen Preise ohne weiteres herunter, um konkurrenzfähig zu erscheinen und das Geschäft unter allen Umständen zu machen[1]). Jeder Färbereibesitzer wird aber umsomehr Neigung haben, einen ihm überschriebenen Färbeauftrag abzulehnen, je bestimmter er weiß, daß der hierfür gebotene Färbelohn niedriger ist als die ihm selbst entstehenden Kosten, und je genauer er den aus einem solchen Auftrage eventuell erwachsenden Schaden zu berechnen in der Lage ist. Nur wenn alle Färbereien ihre Selbstkosten in genauester Weise festsetzen, kann den häufigen Preisdrückereien der Färber untereinander ein gewisses Ziel gesetzt und ein für jeden nutzbringendes Zusammenhalten aller Färber gefördert werden.

Ein Zusammenhalten der Färbereien bezüglich der zu erzielenden Farblöhne wird häufig auf anderem Wege, durch die sogenannten Färberkonventionen, versucht. Abgesehen von den vielen Mißhelligkeiten, die eine solche Konvention immer mit sich bringt, ist es meistens nicht möglich, alle Färbereien eines Bezirkes zur Teilnahme an der Konvention zu bewegen. Einige Färbereien sehen in der Konvention nur das Mittel, sich Sondervorteile zu verschaffen oder sonstwie im Trüben zu fischen. Die Konvention bleibt ein künstliches Mittel, welches seinen Zweck schlecht erfüllt und auf die Dauer ganz versagt. Eine freie, gesunde Konkurrenz aller Färbereien untereinander auf richtiger Preisgrundlage seitens eines jeden Betriebes wird niemals die Nachteile der Konvention zeigen. Die letztere wird fast stets an einigen Farben so gut verdienen, daß sie eine ganze Industrie, die auf diese Farben angewiesen ist, schwer benachteiligen kann.

Der Fabrikant läßt dann einfach auswärts färben, was sehr häufig geschieht, und bekommt von dort vielleicht infolge der billigen Arbeitskräfte seine Farben auch wesentlich billiger. Meistens sind die Farben aber auch nur dementsprechend schlechter, und der Fabrikant verschlechtert, ohne es zu wissen, sein Fabrikat und wird dadurch auch seinerseits weniger konkurrenzfähig. Diese Nachteile sind oft außerordentlich groß, wenn man bedenkt, eine wie untergeordnete Rolle die Farblöhne im Fertigfabrikat häufig spielen.

---

[1]) Stobbe, Färber-Zeitung 1897, 198, 213.

Dieser Fall ist keineswegs so selten, wie man vielleicht anzunehmen geneigt sein könnte, denn die Entwicklung ganzer Industriegebiete zeigt, daß billigere und schlechtere Artikel an anderen Orten nachgemacht und infolge der meist billigeren Arbeitskräfte auch vorteilhafter hergestellt werden können. Die besseren Artikel einer hochentwickelten Industrie können dagegen auswärts nicht nachgemacht werden, weil es dort an genügend qualifizierten Arbeitskräften fehlt. Hieraus folgt von selbst, daß auf die Qualität der Textilerzeugnisse und Farben viel mehr Wert gelegt werden muß. Statt dessen wird aber in den außer Konvention stehenden Farben billig und schlecht, oft auch mit direktem Verlust gearbeitet, so daß der schließliche Nutzen ein ganz verschwindend geringer ist.

Wie gering außerdem der wirkliche Wert ist, den man in der Praxis den Konventionen beimißt, geht auch daraus hervor, daß große gemischte Lohnfärbereien z. B. für die Baumwollfärberei die Bildung einer Konvention für wirtschaftlich unbedingt notwendige erachten, dagegen der gleichzeitig gebildeten Konvention der Wollfärbereien nicht beitreten, weil sie hoffen, ,,außer Konvention" durch ihre Farbpreise noch ganz besondere Vorteile herauszuschlagen. Ein Beweis, daß das immer hervorgehobene Wohl der Allgemeinheit bei den Konventionen tatsächlich nicht existiert.

Die Preiskonventionen sind besonders auch darum eine ungesunde Form des Zusammenarbeitens, weil sie viele, wenn nicht die meisten Färbereien davon abhält, überhaupt genauer zu kalkulieren. Hierzu liegt eben wenig Anreiz vor, denn man weiß, daß an den meisten Konventionspreisen verdient wird, und die genaue Höhe dieses Verdienstes sich bei der Bilanz sowieso herausstellen muß. Wie nachteilig ein solches rein technisches und empirisches Arbeiten ohne wirtschaftliches Nachdenken und Vorwärtsstreben für den einzelnen Betrieb und damit schließlich für die ganze Färbereiindustrie ist, wird meistens nicht bedacht.

Meist wird auch erst zur Gründung einer Konvention geschritten, wenn die Färbereien durch gegenseitige Preistreiberei die Farblöhne überall derart heruntergedrückt haben, daß eine Weiterexistenz der Betriebe überhaupt in Frage steht. Einige meist große Betriebe haben sich schon vorher einen großen

Wesen und Bedeutung der Kalkulation und Organisation. 13

Kundenkreis erworben. Bei Inkrafttreten der Konvention werden diese Kunden in der Regel treu bleiben, da sie wohl oder übel überall jetzt die erhöhten Löhne zahlen müssen. Die mittleren und kleineren Betriebe, mit deren Hilfe die Konvention zustande kam, haben keinen oder nur einen sehr geringen Nutzen davon. Führt man dagegen eine richtige Färbereikalkulation neben zweckentsprechender Organisation und unter eingehender Berücksichtigung der mitgeteilten wichtigen und grundlegenden Gesichtspunkte durch und behält sie während eines längeren Zeitraumes hindurch genau im Auge, so wird man erstaunt sein, einen wie vielfältigen Einblick in alle Angelegenheiten des Betriebes sie gewährt. Es ist durchaus nicht immer nur ein Einblick in die finanziellen und materiellen Angelegenheiten, sondern namentlich auch in färbereitechnischer und sachlicher Hinsicht erhält man zahlreiche und ganz außerordentlich wertvolle Aufschlüsse. Ein Blick auf die Kalkulation zeigt dem geschulten Färbereitechniker im Gegensatz zum Kaufmann sofort, wie gearbeitet werden muß, und welche Arbeitsweise als eine den Betrieb schädigende zu verwerfen ist. Man vermag sofort darüber zu entscheiden, ob es gerechtfertigt ist eine Arbeit auszuführen, wenn man sieht, daß ohne Verdienst gearbeitet werden muß. Von der Kundschaft werden ferner bestimmte Echtheitsgrade der Farben verlangt. Die Kalkulation stellt den Preis für die höhere Echtheit genau fest. Entspricht der erzielte Farblohn den höheren Unkosten nicht, so kann die gleiche Qualität und Echtheit in der Regel nicht billiger hergestellt werden, sondern es muß ein höherer Preis verlangt werden.

Nur in dem Falle, wenn es sich darum handelt, andere gewinnbringende Arbeiten nicht zu verlieren, oder wenn man sich seine bewährten Arbeitskräfte in der stillen Zeit zu erhalten wünscht, wird man sich ausnahmsweise dazu entschließen, einige Arbeiten ohne direkten Nutzen oder gar mit Schaden auszuführen. Es sei daran erinnert, daß, als das Indanthrenblau auf den Markt kam, einige Färbereien die Färbungen zu gewöhnlichen, sonst üblichen Farbpreisen herstellten, wofür andere Färbereien nicht einmal die Farbstoffkosten herausschlagen konnten. Diese Färbereien nahmen an, daß diese überechten Sachen doch nur wenig gebraucht würden. Die Farbe wurde „mitgemacht", um dadurch andere Aufträge zu erhalten.

Alle Fortschritte der Technik und Chemie hat sich die Färberei in hohem Maße dienstbar gemacht; sie nutzt jeden, auch nur den kleinsten Vorteil aus, den ihr die Wissenschaft zu bieten vermag. Der viel größere Nutzen dagegen, der in einer richtigen und entsprechenden Kalkulation und Organisation liegt, wird von den Färbereitechnikern meistens viel schwerer erkannt. Vielfach liegt auch das Scheitern einer neuen Färbereiorganisation in der Hauptsache nur daran, weil man nicht mit Lust und Liebe an die Sache herangetreten ist, und weil ein hier und da unter Anwendung unrichtiger Maßnahmen unternommener und nicht genügend durchgreifender Versuch fehlschlug. Auch ohne daß die Färbelöhne allzu gedrückt gewesen wären, ist schon manche Existenz zugrunde gegangen, nur weil die für eine richtige Färbereiorganisation in Betracht kommenden Gesichtspunkte nicht genügend berücksichtigt wurden, und weil es auch dem tüchtigen Färbereifachmanne nicht gelungen war, aller der Schwierigkeiten dauernd Herr zu werden, welche die Einführung einer genauen Kalkulation mit sich bringt.

Die schlechte Lage der Färbereiindustrie und die immer größer werdende Konkurrenz werden in Zukunft zweifellos noch viel mehr wie bisher den intelligenten und vorwärtsstrebenden Färber zwingen, einer guten und genauen Kalkulation und Organisation seine vollste Aufmerksamkeit zuzuwenden. Unter den heutigen, so schwierigen Erwerbsverhältnissen kann nur derjenige Färbereiunternehmer wirtschaftlich vorwärts kommen, der ein ganzer Fachmann, fleißig und solide ist, sein Geschäft durch und durch kennt, eine geordnete Buchführung und Organisation besitzt und außerdem noch, was mit die Hauptsache ist, eine gründliche und gewissenhafte Bestimmung des Selbstkostenpreises sich angelegen sein läßt. Diejenigen Färbereibetriebe aber, denen es gelingt, in dieser Beziehung den höchsten Stand einzunehmen, werden auch den größten Vorteil davon haben.

Die Färbereibuchführung.

Eine unbedingt notwendige Grundlage für eine richtige Kalkulation und Organisation in der Färberei bildet eine gute und genaue Buchführung. Gerade die Buchführung ist aber sehr oft das Stiefkind des Betriebes, denn kein Teil der gewerblichen und kaufmännischen Tätigkeit entzieht sich so sehr der Öffentlichkeit wie diese, und doch bildet sie ein wichtiges Glied in der Kette der Erfordernisse, von denen die Rentabilität des Unternehmens abhängt.

Den auf der Höhe seines Faches stehenden Färbereibesitzer wird es vielleicht eigentümlich anmuten, aber es entspricht den Tatsachen, daß es Färbereien gibt, die eine geordnete Buchführung überhaupt nicht für notwendig halten und doch dabei noch verhältnismäßig gut verdienen. Wenn auch derartige Betriebe heute größtenteils der Vergangenheit angehören, so haben doch viele Färber eine starke Abneigung gegen alle Schreibarbeit, und darum kommt in ihren Betrieben die Buchführung erst an letzter Stelle. Den Verbrauch an Farbstoff und Chemikalien, die Einnahmen und Ausgaben usw. schreibt der Meister mit Kreide an die Tür des Färbereilokals. Ein oder mehrere Male in der Woche erscheint dann ein dienstfreier Lehrer, der diese Inschriften, soweit sie noch leserlich sind, nach seinem Gutdünken ins Reine überträgt. Auf diese Weise ist den gesetzlichen Vorschriften genügt. Es ist aber einleuchtend, daß damit eine geordnete und ihrem Zweck entsprechende Buchführung noch nicht zustande kommt. Den großen Nutzen einer solchen kann das Geschäft niemals kennen lernen.

Wenn es sich bei einer derartigen Buchführung auch nur um kleine und sogenannte Landfärbereien handelt, so sind doch unpraktische und umständliche Einrichtungen in der Färbereibuchführung viel häufiger, als man vielfach annimmt. Von dem heutigen allgemeinen Streben nach Vereinfachung der Buchführung und Verwaltung dürfen sich die Färbereibetriebe nicht ausschließen. Eine komplizierte Buchführung muß selbstverständlich ebensogut vermieden werden; ganz wegfallen darf sie aber niemals. Ein Färbereiinhaber, der glaubt, er könne seinem Gedächtnisse vertrauen und wegen der Einfachheit und Kleinheit seines Betriebes auf eine richtige Buchführung verzichten oder es genüge in der Hauptsache, die Einnahmen und Ausgaben in sein Taschenbuch zu notieren, der täuscht sich ganz gewaltig. Ein solcher Färbereibesitzer zeigt damit nur, daß er die große Bedeutung und Ausnutzungsfähigkeit einer guten, geordneten Buchführung für seinen Betrieb noch nicht erkannt hat.

Eine sachgemäß eingerichtete und in gewissenhafter Weise weitergeführte Buchführung verdient mit Recht ein Regulator des Betriebes genannt zu werden; denn sie gibt nicht nur sicheren Aufschluß über die pekuniären Erfolge, sondern sie bietet auch eine Handhabe, etwaige Fehler in der Einrichtung oder Führung des Betriebes aufzufinden. Der Färbereibesitzer wird durch seine Buchführung aufgeklärt, wie derartige Betriebsfehler zu vermeiden sind, und wie er eine Verbesserung der Färberei und eine damit verbundene größere Rentabilität erzielen kann.

In den Färbereien ist die Buchführung nicht schwierig und gestaltet sich meistens sogar außerordentlich einfach. Die Hauptbedingung bei der Einrichtung einer Buchführung ist, daß dieselbe der Größe des Betriebes genau angepaßt ist. In kleineren und Spezialfärbereien sowie in vielen Lohnfärbereien genügt eine sogenannte vereinfachte Buchführung, wie sie etwa derjenigen des Handwerkers entspricht. Erst in den großen und vielseitigeren Färbereien, oder wenn neben der Färberei noch ein anderer Handels- oder Fabrikationszweig, wie Garnhandel, Herstellung einzelner Chemikalien usw., betrieben wird, dann gestaltet sich das gesamte Buchführungswerk umfangreicher und komplizierter. Auch in diesen Fällen empfiehlt sich als das einfachste das sogenannte amerikanische Buchführungssystem, namentlich in Verbindung mit dem sogenannten Zettel- oder Kartensystem.

Dieses letztere System verbürgt eine gute Organisation und besteht darin, daß jeder der Färberei erteilte Auftrag auf einen besonderen Zettel mit vorgedrucktem Formular eingetragen wird. Diese Zettel bestehen der größeren Haltbarkeit wegen aus leichtem Karton. Es sind die sogenannten Karten. Sie werden mit fortlaufenden Nummern, dem Datum der Auftragserteilung, dem Ablieferungstermin usw. versehen. Gleichzeitig wird auf der Karte angegeben, welchen Ansprüchen die Farbe z. B. in bezug auf Echtheit zu genügen hat, und welche Forderungen der betreffende Kunde vielleicht sonst noch stellt. Außerdem ist eventuell noch anzugeben, welchen Weg, z. B. Abkochen, Bleichen, Mercerisieren usw. die Partie zu nehmen hat. Das dem Färbeauftrage etwa beigegebene Muster ist der Karte dauerhaft anzuheften. Alle diese Angaben soll auch das Kommissionsbuch enthalten, worin selbstverständlich der Name des Auftraggebers vermerkt ist, der zweckmäßig auf den Färbekarten nicht oder nur mit einem Zeichen oder dem Anfangsbuchstaben angegeben wird. In einigen Betrieben ist es üblich, zur Kontrolle eine genaue Kopie der Färbekarte sowie einen kleinen Abschnitt des Musters zurückzuhalten. Vor ihrem Eintritt in die Färberei wird jede einzelne Färbepartie mit einer Nummer, Blechmarke, Stempel oder auf andere Weise bezeichnet, und dieses Zeichen wird auf dem Zettel vermerkt. Bei ihrem Weg durch die Färberei wird die Partie stets von der dazu gehörigen Karte begleitet, indem jeder Vorarbeiter oder Meister, durch dessen Hände die zu verarbeitende Färbepartie geht, gleichzeitig auch die dazu gehörige Karte ausgehändigt bekommt. Wenn das Verfahren einfach sein soll, so ist es unbedingt erforderlich, die Arbeiter zur Mitwirkung an dieser Grundlage für die Organisation und Kalkulation heranzuziehen. Das selbständige Ausfüllen der Karten läßt sich bei richtiger Anleitung und steter Aufsicht bei dem heutigen Bildungsstand der deutschen Arbeiter ohne Schwierigkeit durchführen und wirkt ungemein erzieherisch. Jeder hat die Karte bei Abgabe der Partien mit dem Datum und seinem Namen zu zeichnen, damit eventuell später festgestellt werden kann, wer die Partie gefärbt hat. Zuletzt erhält der Packer alle Karten und liefert dieselben nach fertigem Packen wieder auf dem Kontor ab, damit von hier aus die Rücksendung der Partien an die Kundschaft umgehend erfolgen kann. Das Kontorpersonal hat auf diese Weise eine genaue Kontrolle über den Stand der Arbeiten in der Färberei.

In welcher Weise die Eintragung der verbrauchten Farbstoff- und Chemikalienmengen auf den Karten zu erfolgen hat, ist im Abschnitt über die Färbekosten näher angegeben. Die Angaben über aufgewandten Arbeitslohn können auf den Karten vorläufig unterbleiben. Wird ein Akkordlohn gezahlt, so kann der feststehende Satz hierfür auf dem Kontor mit Leichtigkeit nachgetragen werden. Der Zeitlohn läßt sich gleichfalls später noch durch einfache Nachfrage in der Färberei für jede einzelne Partie leicht feststellen.

Die genaue Bestimmung der für eine bestimmte Farbe aufzuwendenden normalen oder durchschnittlichen Arbeitszeit ist nämlich zumeist nicht möglich. Man ist wohl in der Lage, die für eine bestimmte Partie aufgewandte Arbeit nachher ziemlich genau festzustellen, hat jedoch keinerlei Garantie dafür, daß die gleiche Farbe bei einem späteren Erscheinen den gleichen Aufwand an Arbeit wieder beanspruchen wird. In Betracht zu ziehen ist hierbei, daß die Selbstkosten für Arbeitslohn sehr verschiedene sind, je nachdem die Partien groß oder klein sind. Es ist auch ein großer Unterschied, ob viele Partien nach ähnlicher Färbemethode hintereinander gefärbt werden können, oder ob die verschiedenartigen Färbungen,. jede für sich, hergestellt werden müssen. Man hat hier nach bestem Ermessen Durchschnittswerte für die laufenden Karten und die Kalkulation zu ermitteln. Nur wenn es sich um hintereinanderfolgende, große und gleichartige Färbepartien, sogenannte Stapelfarben, handelt, läßt sich der genaue Arbeitslohn auf den Karten direkt genau angeben. Bei dem Ineinandergreifen der Arbeiten, wie es in mittleren und kleineren Färbereien stattfindet, ist aber auch diese Berechnung oft recht schwierig.

Außerdem ist die alleinige Berechnung der gebrauchten Arbeitszeit und die Einsetzung der dafür gezahlten Arbeitslöhne noch nicht einmal ganz richtig. In jeder Färberei werden auch für allgemeine Arbeiten, z. B. Reinigungs- und Aufräumungsarbeiten, sowie in stillen Geschäftszeiten noch ziemlich hohe Beträge für sogenannte unproduktive Löhne ausgegeben. Eine genaue Verrechnung und Trennung dieser von den direkten Löhnen ist meistens nicht sofort möglich. Hierzu treten noch die in besonders guten Geschäftszeiten gezahlten Löhne für höher bezahlte Überstunden. Bei Fehlpartien, die noch einmal gefärbt werden müssen, steigt der Lohn gleichfalls auf das Doppelte, ohne daß man hier den erhöhten Lohnsatz in der Kalkulation direkt verrechnen kann.

Für einen Ausgleich durch einen durchschnittlichen Zuschlag auf die direkt zu zahlenden und auf den Karten anzugebenden produktiven Löhne muß hier gesorgt werden. Teilweise kann man annehmen, daß dieser Ausgleich von selbst stattfindet, wenn man die zu zahlenden direkten Durchschnittslöhne nicht allzu niedrig annimmt, denn ein großer Teil der erforderlichen unproduktiven Arbeit wird zweifellos während dieser Zeit geleistet. Die Höhe dieses Zuschlages möglichst genau zu treffen und auf den Karten auszufüllen, ist Sache des Färbereileiters und -kalkulators, der seinen Betrieb genau kennt. Die beim Jahresabschluß gefundenen Zahlen bieten ihm hierzu wertvolles Material. Allgemeines läßt sich hierüber kaum sagen, doch nimmt Springer[1]) für die durch Fehlpartien vermehrten Lohnkosten den Betrag von 0,06 Pf. auf jedes Pfund engl. an. Wird im übrigen seitens der Färbereileitung stets auf schleunige Fertigstellung und pünkliche Ablieferung der Karten gedrungen, so wird hierdurch ein auf die Beschleunigung aller Arbeiten sehr günstig wirkender Zwang ausgeübt; denn jeder ist gezwungen, sich auf dem laufenden zu halten und die ihm übertragenen Arbeiten so schnell wie möglich auszuführen. Bei etwaigen Arbeitsverzögerungen ist auch ein in technischer Beziehung ganz ungeschulter Kontorbeamter in der Lage, jederzeit und mit Leichtigkeit feststellen zu können, in wessen Hand sich die Partie befindet, und durch wessen Verschulden dieselbe etwa zurückgehalten worden ist. Eilige Partien sind auf dem Zettel mit Rot- oder Blaustift zu kennzeichnen, dagegen hat es sich nicht bewährt, hierzu besondere, z. B. rote oder farbige Karten zu benützen. Mit Rücksicht auf die in den Färbereien herrschende Nässe empfiehlt es sich, alle Eintragungen auf den Karten mit Bleistift vorzunehmen. Das Farbmuster darf nicht von der Karte entfernt werden, auch dürfen die Färber niemals die Karten bei sich in der Tasche herumtragen, sondern sie haben dieselben stets in einem bestimmten Gefach an geeigneter Stelle niederzulegen. In der Couleurfärberei kann dieses Gefach z. B. in der Nähe des zum Abmustern bestimmten Trockenapparates angebracht werden.

In dieser Weise genau durchgeführt und stets pünktlich kontrolliert, hat sich das Kartensystem durchaus bewährt und ist in vielen größeren Färbereien mit gutem Erfolg eingeführt worden. Es hat hier vollkommen seinem Zweck entsprochen, nämlich dem einer schnellen, prompten und sicheren Abfertigung ohne zeitraubende mündliche Erklärungen und Erläuterungen. Der für den vielbeschäftigten Färbereileiter nicht zu unterschätzende Vorteil, sich jederzeit und ohne Zeitverlust von dem Stande der Verarbeitung einer bestimmten einzelnen Partie überzeugen zu können, kommt noch hinzu. Ebenso schnell kann er

---

[1]) Springer, Der praktische Woll- und Halbwollfärber.

aber auch feststellen, welche und wieviele Partien jeder Meister oder Vorarbeiter gerade in Händen hat und dadurch viel energischer auf eine richtige Verteilung und Beschleunigung der ganzen Arbeit hinwirken. Einmal eingeführt, hat sich das Kartensystem auch im Hinblick auf die dadurch ausgeübte Selbstkontrolle der einzelnen Abteilungen sehr bewährt. Es bietet in der Gesamtheit so viele und wichtige Vorteile, daß die entstehende Mehrarbeit reichlich aufgewogen wird, besonders da diese Mehrarbeit nicht vom Färbereileiter selbst, sondern vom Personale geleistet werden muß. Letzteres, namentlich die älteren Angestellten, setzt diesem System oft leidenschaftlichen Widerstand entgegen; es kann nicht genug Ungünstiges prophezeien, besonders wenn einmal ein Fehlgriff vorkommt, wie dies im Anfang ganz unausbleiblich ist.

Das Lohnwesen in der Färberei[1].

Den Schwerpunkt der Färbekosten bilden in jeder Färberei, gleichviel in welcher Branche, die Arbeitslöhne. Nur ausnahmsweise erreicht ein anderer Teil der Selbstkosten die Höhe des Arbeitslohnes, und gerade auf diesem Gebiete dürfte sich in einer modern organisierten Färberei noch mancher Fortschritt erzielen lassen. Es ist deshalb doppelt bedauerlich, daß man fast gar nichts von solchen Fortschritten oder doch wenigstens Ansätzen dazu hört, denn es würde sich wohl lohnen, sich auch in der Färberei mit dem Lohnwesen recht eingehend zu befassen.

Kaum irgendwo zeigt sich bei den verschiedenen Geschäftsleuten ein so bedeutender Unterschied wie gerade bei der Auffassung des Lohnwesens. Der deutsche Fabrikant spart und arbeitet billiger als die Konkurrenz, indem er seine Angestellten und Arbeiter schlechter bezahlt. Der amerikanische oder amerikanisierte Geschäftsmann spart dagegen, indem er sie besser bezahlt. Es ist überhaupt merkwürdig, wie stark in Lohnfragen die Gewohnheit mitspricht, und wie selten in Fragen des Lohnes und der Arbeitsleistung auf die menschlichen Grund-

---

[1] Über die Verrechnung des zu zahlenden Lohnes auf dem Kontor wurden im Abschnitt über die Färbereibuchführung im Anschluß an das Zettel- oder Kartensystem nähere Angaben gemacht.

eigenschaften zurückgegangen wird. Nicht diejenige Industrie ist die beste, die mit den geringsten Löhnen und Gehältern zu arbeiten vermag, sondern diejenige, die aus dem Können und der freiwilligen Leistungsfähigkeit des Arbeiters zwanglos den größten Nutzen zu ziehen vermag. Durch Zwang und Gewaltmaßregeln läßt sich niemals eine **Höchstleistung** der Arbeit erzielen, die zur Zahlung höherer Löhne berechtigen würde. Betriebe, in denen nur unter Druck gearbeitet wird, bezahlen ihre Leute erfahrungsgemäß gerade am schlechtesten und leisten qualitativ und quantitativ am wenigsten.

Fast nirgends macht man es sich klar, ein wie großer Unterschied zwischen der durchschnittlichen, mittleren Leistung eines tüchtigen Färbers und der unter günstigen Umständen möglichen Höchstleistung desselben Arbeiters besteht. Man denkt gar nicht daran, wie viele Möglichkeiten der Leitung des Betriebes in der Organisation zu Gebote stehen, um diese günstigen Bedingungen herbeizuführen. Es kommt dies daher, daß in der Regel nur der praktische Färbemeister über die Leistungen der Arbeiter gewohnheits- und gefühlsmäßig urteilt. Selbst der tüchtigste Färbemeister ist immer in Vorurteilen befangen; denn dadurch, daß er selbst aus der Praxis hervorgegangen, ist er mit einem gewissen Arbeitstempo groß geworden und wird auch bei Änderung der Verhältnisse immer seine Grundanschauung behalten.

In einem modern geleiteten Betriebe sollen das Urteil und Gefühl immer weniger den Maßstab für die Leistungen des Arbeiters bilden. Organisation und Lohnbedingungen sollen vielmehr einen Rahmen schaffen, nach dem sich die Leistungsgrenze des Einzelnen von selbst einstellt. Die fortlaufende Kontrolle besteht dann zumeist nur in der Prüfung der Grenzwerte innerhalb dieses Rahmens.

Typisch ist bei einem auf einer modernen Organisation aufgebauten Lohnsystem, daß an Stelle roher Erfahrung und der Gefühlswerte über das Arbeitsquantum wissenschaftliche Gesetzmäßigkeiten treten. Hiermit deutet sich ein Umschwung an, zu dem die künftige Entwicklung unserer großen Färbereien in den kommenden Jahren führen muß. Das früher auf Faustregeln begründete Arbeiten wird durch wissenschaftliche Grundlagen ersetzt, so daß auch auf diesem bisher noch ganz von der Praxis beherrschtem Gebiete, ebenso wie in der Färbereitechnik, die Wissenschaft die Richtlinie bildet und bleibende Werte schafft.

In der gesamten Industrie mit Einschluß der Färberei sind im wesentlichen nur zwei im Prinzip verschiedene Arten der Lohnberechnung in Gebrauch. Man hat zu unterscheiden zwischen dem gewöhnlichen Zeitlohnsystem und dem Stücklohn- oder Akkordsystem.

Beide Lohnzahlungssysteme können noch durch Prämiengewährung ergänzt und erweitert werden. Durch Kombination erhält man eine sehr große Anzahl von Misch- und Zwischensystemen. Nach Schroers[1]) haben für die Textilindustie folgende Lohnzahlungssysteme besonderes Interesse:

1. Zeitlohn.
2. Stücklohn, und zwar Akkordarbeit.
3. Stücklohn mit einem garantierten Minimum, welches ungefähr dem jetzigen Zeitlohn entspricht.
4. Zeitlohn mit einem Zuschlag für die über ein gewisses Quantum geleistete Arbeit (sogenanntes Prämiensystem).
5. Beschaffenheitsprämien neben Zeitlohn oder Stücklohn.
6. Sparsamkeitsprämien neben Zeitlohn.

Über weitere Möglichkeiten enthält die Literatur manche schätzenswerte Abhandlung.

Das älteste und in der Färberei meist benutzte System ist das Zeitlohnsystem. Nach diesem erhält der Arbeiter einfach für eine bestimmte Arbeitszeit den dafür festgesetzten Lohn. Er hat daher gar kein Interesse daran, besonders fleißig zu sein, sondern wird im Gegenteil möglichst langsam arbeiten, um seine Kräfte zu schonen, denn nach Ablauf der Arbeitszeit ist ihm in jedem Falle sein Lohn sicher. Der einzige Ansporn, den man hier dem fleißigen Arbeiter gegenüber dem faulen geben kann, ist der, daß man seine Zeit etwas höher bezahlt als diejenige des faulen und so verschiedene Lohnklassen oder Stufen bildet. Jeder, der einmal in einer Färberei tätig war, wird auch die Nachteile dieser Lohnstufen kennen und wissen, wie selten der Lohn ausschließlich nach dem persönlichen Fleiß und der qualitativen und quan-

---

[1]) Kommerzienrat Arthur Schroers, Vortrag, gehalten in der Färberei- und Appreturschule Krefeld.

titativen Arbeitsleistung abgestuft werden kann, wie häufig dagegen ganz andere Ursachen, wie das Alter des Arbeiters, die Zeitdauer seiner Tätigkeit im Geschäft oder seine äußeren Lebensverhältnisse, bei der Lohnbemessung eine Rolle spielen. Das gütige Entgegenkommen des Chefs einerseits und eine freundliche Beurteilung seiner Leistungen von seiten des Meisters sind für ihn bei der Lohnbemessung viel mehr von ausschlaggebender Bedeutung als sein Fleiß. Das Zeitlohnsystem wahrt wie kein anderes die Vorteile der Arbeiter, während die Interessen des Geschäfts oft genug recht kurz wegkommen.

Die großen Arbeiterorganisationen unserer Zeit haben diesen Unterschied der Lohnsysteme viel deutlicher erkannt als manche Unternehmer. Dies zeigte sich besonders in den letzten Färberstreiks, die weniger direkte bedeutende Lohnforderungen im Auge hatten, als vielmehr bestimmte Festsetzungen im Ausbau des Zeitlohnsystems, wie Festsetzung genau bestimmter Minimallöhne bei Erreichung einer gewissen Altersgrenze seitens der Arbeiter usw. Also bestimmte Verpflichtungen für Lohnzahlungen seitens der Arbeitgeber, für die ihnen weder qualitativ noch quantitativ seitens der Arbeiter ein Äquivalent geboten wird.

Das Stücklohn- oder Akkordsystem dagegen beruht auf der genauen Vorausbestimmung derjenigen Arbeitszeit, die zur guten Ausführung einer bestimmten Arbeit vom Arbeiter benötigt wird. Die Interessen des Unternehmers werden auf diese Weise viel besser gewahrt, und einer Verschwendung der Arbeitszeit zuungunsten des Unternehmens wird in wirksamer Weise verhindert. Selbstverständlich kann es sich bei Einführung der Akkordarbeit nur um solche Arbeiten handeln, die häufig wiederkehren, und bei denen über die zur Ausführung benötigte Zeit schon Erfahrungen vorliegen. Für bestimmte, gleichmäßig wiederkehrende Arbeiten, wie Fitzen, Packen usw. ist die Akkordarbeit schon in allen größeren Färbereien selbstverständlich.

Das Akkordsystem geht darauf hinaus, durch sachgemäße, äußerst gründliche Zeitstudien die höchstmögliche Tagesleistung festzustellen und sie zum Tagespensum zu erheben, bei Erfüllung hohe Löhne zu geben, während Minderleistung Lohneinbuße verursacht. Der hohe moralische Wert eines solchen Lohnzahlungssystems steht klar vor Augen; es ist vor allem jedem damit gezeigt, daß nicht das Absitzen der Arbeitszeit erforderlich ist, sondern nur die Erfüllung der Pflichten. In den Färbereien setzt allerdings diese Maßnahme eine ganz hervorragende Organisation voraus, ebenso einen ausgezeichneten Leiter des Betriebes, der sich in der Aufgabe des täglichen Arbeitspensums nicht vergreifen darf.

Soll im Akkord gearbeitet werden, so handelt es sich also:

1. um die gleiche, immer wiederkehrende Arbeit, für welche der Arbeiter auf Akkord gesetzt werden soll (außer Betracht mögen solche Arbeiten bleiben, die wie in Maschinenfabriken jedesmal vorher einzeln „verakkordiert" werden);
2. um die Bestimmung, wie lange die betreffende Manipulation dauert.

Die Akkordlohnfrage ist jedenfalls in der Färberei nicht einfach. Für bestimmte Arbeiten, z. B. Fitzen, ist der Akkordlohn direkt durchführbar, in der Färberei selbst aber bei den verschiedenen Farben- und Partiegrößen wohl kaum.

Vermittlungsweise läßt sich aber zunächst eine Art Prämiensystem einführen. Der Färber erhält außer seinem Zeitlohn pro Bündel einen bestimmten Akkordzuschlag. So kann eine Kontrolle ausgeübt werden.

Ähnlich sind die bisher schon zuweilen üblichen Tantiemen der Meister und Vorarbeiter. Für jedes Bündel erhalten diese eine Vergütung. Dadurch sind sie daran interessiert, möglichst viel fertigzustellen.

Andererseits ist folgendes zu bedenken. Man ist bestrebt, jede Arbeit so weit wie möglich maschinell ausführen zu lassen, um vom guten Willen des Arbeiters unabhängig zu sein. Und gerade für ganz mechanische Arbeiten, wo nur die laufende Maschine zu bedienen ist, muß oft Zeitlohn bezahlt werden.

Alle Arbeiten, die man sich auf eine etwaige Akkordmöglichkeit hin ansieht, müssen eine tief einschneidende Beobachtung erfahren. Es gibt nichts in der Färberei, was für eine solche Beobachtung durch erstklassige, wissenschaftlich gebildete Hilfskräfte zu gering ist. Untergeordnete Arbeiten werden meist einem weniger bedeutenden Meister oder Vorarbeiter unterstellt, der alles nach seiner gewohnten Manier verrichtet. Gerade solche „geringen Arbeiten" können aber oft durch unbefangene Behandlung und sachkundige Einteilung einen unerwarteten Nutzen abwerfen. Bei Neueinführung der Akkordarbeit darf man nie schroff und plötzlich vorgehen, denn nur langsam keimt im Hirne des Arbeiters schließlich die Ansicht, daß die Akkordarbeit auch für ihn das Richtige ist. Durch unbefangenes Zulassen eines Mehrverdienstes für Mehrleistung wird vielen Akkordstreitigkeiten vorgebeugt und die beste Zugabe zur günstigsten Kraftentfaltung geschaffen: die Arbeitsfreudigkeit. Zugleich ist ein großer Anreiz zur Qualitätsverbesserung der Arbeit und der Arbeiter selbst geschaffen. Innerhalb des nun auf hohe Ansprüche eingestellten Betriebes findet sich unter der geschickten, fast unmerklichen Beihilfe des Färbereileiters scheinbar ganz von selbst eine Auswahl der besten Arbeitskräfte zusammen, und dies ist ein Ziel, das die Entwicklung der Färbereiindustrie überall anstreben muß. Um es zu erreichen, ist vor allem eine vorurteilsfreie, nicht kleinliche geschäftliche Leitung des Unternehmens erforderlich.

In den meisten Färbereien herrscht jedoch eine große Abneigung gegen das Arbeiten im Akkord, ohne daß man hiergegen sprechende Gründe von Belang anzuführen vermag. Der wahre Grund ist eben meistens nur der, daß die vorhandene sehr primitive Färbereikalkulation und Organisation die Schaffung eines richtigen Akkordsystems noch nicht ermöglichen. Damit fällt dann selbstverständlich auch die Möglichkeit fort, die überall anerkannten Vorzüge des Akkordsystems zu genießen. Aber auch bei einer vielleicht ausreichenden Organisation zeigt es sich stets, daß die Färbereiarbeiter demselben feindlich gegenüberstehen, da Meister und Vorarbeiter erfahrungsgemäß auch stets auf seiten der Arbeiter stehen, so ergeben sich für den Akkord so viele Schwierigkeiten und Widerstände, daß dem Färbereileiter oder Besitzer die Einführung dieses Systems unmöglich erscheint. Man erklärt das ganze Akkordwesen rundweg für ausgeschlossen in den Färbereibetrieben, da angeblich die Farben doch ihre bestimmte Zeit ziehen müssen, und die Feststellung, ob eine Farbe gut ist, nicht von der für den Akkord sehr wichtigen Zeitdauer, sondern vom Augenschein abhängig seien. Größe und Art der Färbepartien, die Art des Farbstoffes, das Wasser und noch eine ganze Reihe von Nebenpunkten beeinflussen angeblich den Färbeprozeß derart, daß die Einführung der Akkordlöhnung ganz unmöglich sein soll. Es mag zugegeben werden, daß viele Schwierigkeiten darin liegen, daß die meisten Färbereien keine eigentliche Massenfabrikation treiben. Dies ist aber beim Maschinenbau ebenso der Fall, und doch ist hier die Akkordlöhnung mit großem Nutzen für die geschickten und fleißigen Arbeiter fast ausnahmslos eingeführt, während das Zeitlohnsystem nur noch in Ausnahmefällen Anwendung findet.

In den Couleurfärbereien, die sich mit dem Färben einzelner Partien von außerordentlich verschiedener Art und Größe befassen, sowie von den Versuchs- und Musterfärbereien ist die Einführung der Akkordarbeit ohne weiteres ausgeschlossen. Jedoch darf es auch andererseits nicht bestritten werden, daß jede größere Färberei genug Möglichkeiten bietet, um bei guter Organisation einen Versuch mit der Akkordarbeit wohl lohnend erscheinen zu lassen. Das Akkordwesen in den Maschinenbauanstalten beruht nur auf einer lange erprobten und bewährten Organisation, die erst im Laufe der Zeit die Akkordarbeit auch auf anscheinend unmöglichen Gebieten möglich gemacht hat. Was aber in dieser Industrie möglich war, dürfte sich auch in den Färbereien nicht als unmöglich erweisen, nachdem erst durch eine genaue und zweckmäßige Kalkulation und Organisation die Wege dazu gebahnt sind. Beispiele für die Zweckmäßigkeit der Akkordarbeit in Färbereien bieten uns schon eine ganze Anzahl von Betrieben, wie Bleichereien, Stückfärbereien, Indigo-, Türkischrot- und Schwarzfärbereien usw. Erfahrungsgemäß ziehen dort heute schon nur die wenig leistungsfähigen Arbeiter die Lohnarbeit der Akkordarbeit vor.

Eine Veröffentlichung über das Akkordsystem in der Färberei ist von Eugen Hastaden in der Färber-Zeitung niedergelegt worden[1]. Der Verfasser dieser Arbeit erkennt die großen Vorzüge des Akkordwesens vollkommen an, kommt aber auf Grund seiner Erfahrungen zu dem Resultate, daß die Akkordarbeit in der Färberei nur für geringwertigere Arbeiten brauchbar sei, sonst aber zu verwerfen ist. Die Ausführungen des Verfassers sind außerordentlich interessant und lehrreich. Jeder, der über einige Erfahrungen in der Färbereiorganisation verfügt, wird jedoch bestätigen können, daß die Akkordarbeit in der von ihm geschil-

---

[1] Färber-Zeitung 1908, S. 193.

derten Färberei auf einer ganz falschen Grundlage beruht. Der Chef, der, wie nach den Angaben des Verfassers anzunehmen ist, überhaupt kein Färbereitechniker, sondern ein Webereifachmann oder Kaufmann zu sein scheint, hat den Akkord nur eingerichtet, um eine „billig arbeitende" Färberei zu haben, und ist auf die in dieser Hinsicht erzielten Erfolge noch stolz. Durch Übertreibung im Sparen und Verdienen wird einer an sich guten Sache immer sehr geschadet und der wirkliche Fortschritt nur gehindert. Kein Wunder, daß bei der geschilderten Arbeitsweise selbst die Arbeiter versuchen, das Akkordsystem auch zu ihrem Vorteil übermäßig auszubeuten. Eine richtige Färbereiorganisation, auf der allein ein gutes Akkordsystem sich aufbauen läßt, scheint dort überhaupt nicht vorhanden gewesen zu sein. In einer Färberei, in der nicht auf Kosten der Ordnung und einer guten Arbeitsweise gespart wird, würde man ganz andere Resultate erhalten haben.

Hastaden hat wohl die Übelstände der von ihm geschilderten Arbeitsweise sehr richtig erkannt. Er sucht aber den Fehler zu sehr im Akkordsystem selbst als in der offenbar vorhandenen mangelhaften Färbereiorganisation. Seine Arbeit ist aber besonders auch darum interessant, weil sie zeigt, mit welchen Schwierigkeiten und Vorurteilen der einsichtige und sachkundige Färbereitechniker oft bei dem nicht sachverständigen Chef und dem nur praktisch ausgebildeten Färbemeister zu kämpfen hat.

Das Akkordsystem eignet sich, wie eine vielfache Erfahrung gezeigt hat, durchaus nicht nur für die untergeordneten Arbeiten der Färberei. Es sei nur daran erinnert, daß in Türkischrot-Färbereien schon seit vielen Jahren für das Abkochen, Beizen, Färben usw. sehr vielfach Akkordlöhne vereinbart sind, also ausgesucht für die diffizilsten Arbeiten, welche die größte Gewissenhaftigkeit verlangen, und zufällig gerade für diejenigen Arbeiten für welche Hastaden die Brauchbarkeit des Systems verneint. Die eigenartige und vorzügliche Organisation der alten Türkischrot-Färbereien ermöglicht manches, was nicht in jeder Färberei ohne weiteres durchführbar ist. Aber auch in vielen Bleichereien, Indigofärbereien, Schwarzfärbereien usw. ist die Akkordarbeit durchaus nicht nur für nebensächliche Arbeiten üblich. Mit der Einführung des Akkordes in der Färberei auf einem vorher für ganz unmöglich erklärten Gebiete wurden erst kürzlich recht anerkennenswerte Erfolge erzielt. Es ist selbstverständlich im Interesse der beteiligten Firmen nicht angängig, hierüber in der Öffentlichkeit zu berichten. Dies dürfte aber auch kaum noch notwendig sein, weil die hier niedergelegten allgemeinen Angaben alles Erforderliche schon enthalten.

Sehr bemerkenswert sind auch viele der Gedanken, die Kommerzienrat Artur Schroers in einem am 19. Januar 1910 vor der Generalversammlung des Vereins der deutschen Textilveredelungs-Industrie in den Räumen der Kgl. Färberei- und Appreturschule in Krefeld gehaltenen Vortrage über „Die Akkordlohnfrage" ausgesprochen hat. Er führt unter anderem aus:

Die Akkordarbeit verdient in der Textilveredelungs-Industrie allgemein das gleiche Interesse wie in den übrigen Industrien, und von der günstigen Lösung dieser Frage hängt unsere zukünftige Existenzmöglichkeit ab. Es ist erfahrungsgemäß schwierig, diese Frage seitens einer einzelnen Fabrik einer Lösung entgegenzuführen. Es ist vielmehr angesichts der Organisation der Arbeiter in den verschiedenen Verbänden auch für die Arbeitgeber nur durch ihre Verbände und durch ihre wirtschaftlichen Vereine möglich, ihr Vorhaben gemeinsam schneller und besser zum Ziele zu führen. Die Seidenfärberei-Industrie namentlich hat in jüngster Zeit mehrfach versucht, die Akkordarbeit einzuführen. Offiziell jedoch sträuben sich die Arbeitnehmerverbände — und infolgedessen natürlich auch die Arbeiter selbst unter der Führung der Vorstände —, Akkordarbeit ausführen zu lassen. Insbesondere ist diese Frage auch bei der letzten Lohnregulierung bei den Verhandlungen der Seidenfärbereibesitzer mit den Vertretern der Arbeiterverbände vielfach und eingehend zur Sprache gebracht worden, ohne daß abschließende Verabredungen erfolgten. Das mag seinen Grund darin haben, daß viele Färbereibesitzer dieser Aufgabe noch nicht nähergetreten sind und sich über die Wirkung und Anwendungsweise eines Akkordsystems noch keine Rechenschaft zu geben in der Lage sind. Sie waren deswegen auch nicht imstande, den Anregungen von vielen Seiten entsprechend die für die Durchführung nötige Unterstützung leisten zu können.

Die Streiknachrichten aus den Lyoner Färbereien zeigten uns ferner, daß auch dort die Frage der Akkordarbeit das hemmende Moment war. Man hat also auch dort erkannt, wie wichtig diese Frage ist, und daß die Färbereiindustrie ohne Einführung der Akkordarbeit dem Siechtum entgegengehen muß.

In den Färbereien und überhaupt in solchen Industrien, wo überwiegend neben den Akkordsätzen noch Sätze für die Zeitarbeit bestehen bleiben müssen, trifft die Einführung der Akkordarbeit bei der Arbeiterschaft auf besonders energischen Widerstand. Schwierig ist auch in der Färberei der Umstand, daß meistens die Arbeiter ihre Arbeit nicht allein ausführen, sondern Hilfskräfte ihnen zur Seite stehen und also auch das Interesse dieser für die Arbeit geweckt werden muß, damit ein Hand-in-Hand-Arbeiten zum Nutzen aller Beteiligten erzielt wird.

Die Lösung dieser Frage würde ganz bedeutend erleichtert werden, wenn es sich erreichen ließe, allen beteiligten Arbeitern ein Interesse für die Arbeit abzugewinnen, das dahin geht, die Arbeit nicht allein schnell und dadurch für möglichst geringe Löhne herzustellen, sondern ein Interesse, das vor allen Dingen auch darauf gerichtet sein müßte, die Arbeit sehr gut und sogar vorzüglich zu verrichten. Es ist eine hohe Aufgabe für die Führer und Leiter der Färbereien, ein solches Streben zu fördern, die Qualität des Arbeiters nach jeder Richtung zu verbessern und damit auch die Qualität der Arbeit. Hierdurch würde ganz von selbst das Ziel erreicht werden, das man allen Arbeitern wünscht, nämlich gute ausreichende Lebensbedingungen und Zufriedenheit auf allen Linien.

Bei Gewährung von Akkordlöhnen ist eine große Produktionsverschiebung zu erreichen. Die gefärbten Mengen vergrößern sich ganz erstaunlich, ohne daß bei unparteiischer Beurteilung eine Überanstrengung der Arbeiterschaft eintritt. Wird nun durch solche Einrichtungen die Produktionsvergrößerung erzielt, so bringt dieser Umstand in Zeiten geringerer Beschäftigung, womit eine Lohnindustrie wie die Färberei immer zu rechnen hat, den Vorteil, daß für die gleiche Produktionsmenge stets weniger Arbeiter nötig sind, und in schlechten Zeiten auch weniger Arbeiter durchgehalten werden müssen. Für dieses Durchfüttern ist der Fabrikant aber immer geneigter, wenn er sich bewußt ist, für seinen Betrieb gute, geschickte, geschulte, eingearbeitete und dankbare Leute zu erhalten.

Die Einführung der Akkordarbeit ist deshalb so unbedingt notwendig, weil die bisherige Zeitarbeit bei den immer steigenden Arbeitslöhnen eine Produktionsverteuerung herbeigeführt hat, die so einschneidend ist, daß die Existenzmöglichkeit der Betriebe gefährdet erscheint. Naturgemäß spielen die Arbeitslöhne bei einer Lohnarbeit, wie sie meistens die Textilveredelungs-Industrie auszuführen hat, eine große Rolle. In der Seidenfärberei machen sie im Durchschnitt 20—40 % und mehr aus. Bedingt wird dieser hohe Prozentsatz besonders dadurch, daß es nicht möglich ist, die an und für sich maschinelle Handarbeit ganz durch Maschinenarbeit zu ersetzen, weil meistens das Material und teils auch die kleinen Quantitäten des Materials dies nicht erlauben. Das Bestreben, für alle Operationen nach Möglichkeit Maschinen einzuführen, ist zweifellos vorhanden, und es werden die Arbeit und ihre Kosten hierdurch günstig beeinflußt. Aber auch bei dieser Maschinenarbeit sind es die größere Geschicklichkeit, die Intelligenz und der Fleiß der Arbeiter, die die Höhe der Arbeitsleistung bestimmen, und nicht die Maschine.

B. Spezieller Teil.
Die Einteilung der Selbstkosten.

Infolge der großen Verschiedenheit der Färbereibetriebe muß die Art der Selbstkostenberechnung stets eine andere sein. Sie hat sich der Eigenart des Betriebes in jedem Falle möglichst genau anzupassen. Ebenso verschiedenartig, wie z. B. die Anlagekosten oder die Kosten, die durch das Färben der Partien entstehen, sind auch die Selbstkosten, welche durch das Inbetriebhalten der Färberei an sich bedingt werden. Es ist daher zweckmäßig, zunächst alle entstehenden Kosten ohne Rücksicht auf ihre sonstige Eigenart in zwei große Gruppen einzuteilen, und zwar:

I. in indirekte, allgemeine Selbstkosten oder Generalspesen,
II. in direkte Kosten oder Färbekosten.

Als allgemeine, indirekte Unkosten oder Generalspesen bezeichnet man alle diejenigen Auslagen, welche gemacht werden müssen, um die Färberei im Betriebe zu halten. Sie bestehen vor allem in den Geschäfts- oder Verwaltungskosten, wie z. B. den Gehältern für die Färbereileitung und der fortlaufenden Entnahme des Besitzers, den Gehältern für kaufmännisches Personal, Fuhrwerk, Bureaukosten usw. Die Generalunkosten werden in größeren Betrieben zweckmäßig nochmals geteilt, indem man die obengenannten Kosten als eigentliche Generalspesen bestehen läßt, dagegen die allgemeinen Selbstkosten für Dampf, Wasser usw. für jede Abteilung der Fabrik noch besonders berechnet, wie dies bei den Abteilungsunkosten angegeben ist.

Selbstverständlich partizipiert jede einzelne der zu färbenden Partien zu ihrem Teile an allen diesen Kosten, ohne daß man ohne weiteres sagen kann, wie groß dieser Teil ist. In kleineren und sehr einfachen Färbereibetrieben wird es genügen, wenn man diese allgemeinen Unkosten nach dem letzten Jahresabschlusse feststellt und hiernach den auf jedes gefärbte Pfund Garn oder Kilo Ware durchschnittlich entfallenden Anteil berechnet. Außerdem haben die neuzeitliche Entwicklung und ein scharfer Konkurrenzkampf die Umwandlung sehr vieler Färbereibetriebe in große Spezialfärbereien mit sich gebracht. Diese letzteren können alle ihre Unkosten ebenfalls in ganz einheitlicher und einfacher Weise kalkulieren, weil sie stets ganz genau dieselben Unkosten haben. Sie sind es namentlich, die in der Bemessung der Farblöhne den Ausschlag geben und die vom Fabrikanten zu zahlenden Färbepreise bestimmen. Andere meist größere Färbereien beschäftigen fünf bis sechs und oft noch mehr Abteilungen. Sie färben viele Arten von Farben und auf den verschiedenartigsten Textilmaterialien. Demgemäß ist hier die Kostenberechnung auch eine umständlichere und schwierigere. Wenn aber auch hier der Einfachheit halber neben den Färbekosten, wie dies oftmals geschieht, für alle Abteilungen und Farben die gleichen, nämlich die durchschnittlichen Generalunkosten berechnet werden, so kann dies nur als eine vollständig verfehlte Maßnahme bezeichnet werden. Die Folge einer solchen falschen Kalkulation ist, daß einzelne Abteilungen trotz vorzüglichster Einrichtungen und ohne jeden Grund scheinbar mit Verlust arbeiten, während andere fast unpraktisch und primitiv eingerichtete Abteilungen sich vorzüglich zu rentieren scheinen. Noch verfehlter ist selbstverständlich die Annahme eines sogenannten Generalunkostenanschlages von beispielsweise 40 oder 60 %, der nach Schätzung ganz willkürlich angenommen wird.

Es ist wohl selbstverständlich, daß es beispielsweise in einer großen Baumwollgarn-Lohnfärberei, deren Abteilungen aus Türkischrotfärberei (Altrot und Neurot), Indigoküpenfärberei, Schwarzfärberei, Couleurfärberei, Bleicherei, Appretur, Mercerisieranstalt usw. nebst den notwendigen Handwerksbetrieben, wie Schlosserei, Schmiede usw. bestehen, nicht denkbar ist, auf dem Wege der durchschnittlichen Unkosten eine auch nur annähernd so genaue Kalkulation jedes einzelnen Färbeauftrages zu erhalten, wie sie die Spezialfärbereien haben, und wie sie der heutige scharfe Konkurrenzkampf verlangt. Eine allgemeine Berechnung der durchschnittlichen Unkosten für den ganzen Betrieb führt vielmehr stets zu direkt falschen Resultaten.

Für größere Betriebe, die in mehreren Abteilungen arbeiten, empfiehlt es sich, um eine bessere Übersicht zu haben und für jeden Einzelbetrieb den Anteil an den aufgewendeten Generalunkosten sofort feststellen zu können, diese Berechnung in Gruppen zu trennen. Man ermittelt außer den für die Gesamtheit des Betriebes erforderlichen Unkosten noch die für die Instandhaltung der betreffenden Abteilung erforderlichen besonderen Kosten. Diese Berechnung hat sich selbstverständlich dem Betriebe möglichst genau anzupassen. Als solche unter Umständen schon auf die einzelne Abteilung berechenbare Unkosten kommen hauptsächlich die Kosten für Wasser- und Dampfverbrauch, Beleuchtung, Meistergehalt, die Instandhaltung spezieller Maschinen und Gebäude, deren Zinsen, Amortisation usw. in Betracht. Alle diese Unkosten werden nach dem Jahresdurchschnitt oder auf andere Weise möglichst genau festgestellt und ebenfalls auf das Gewicht der zu färbenden Ware berechnet.

Zu den direkten Kosten oder Färbekosten zählen alle diejenigen Auslagen, welche durch den erhaltenen Färbeauftrag direkt bedingt werden. Es sind dies vor allem die Arbeitslöhne für das Fitzen der Garne, für das Abkochen, Beizen, Färben, Appretieren, Trocknen, Packen usw. sowie für das Material, welches bei diesen Arbeiten Verwendung findet, wie Farbstoffe, Beizen, Säuren, Laugen usw.

In einer größeren Färberei würde man z. B. die Selbstkosten in folgende drei Klassen einzuteilen haben:

I. **Die indirekten, allgemeinen oder Generalunkosten.**
Hierzu gehören z. B.:
Die feststehende Entnahme des Beisitzers.
Die Gehälter des kaufmännischen Personals.
Kontorunkosten.
Die Verzinsung des angelegten Kapitals. (Soweit nicht bei den Abteilungsunkosten zu verrechnen.)
Etwaige Miet- und Pachtzinsen (dgl.).
Steuern und Versicherungen (dgl.).
Gratifikationen und Unterstützungen.
Heizung und Beleuchtung.
Löhne für Heizer, Nachtwächter usw.
Abzüge bei Zahlungen.
Kosten für Untersuchungen und Versuche usw.

II. Die Abteilungs- oder Fabrikationsunkosten.
Hierzu gehören z. B.:
Das Gehalt des Meisters der betreffenden Abteilung.
Verzinsung des in derselben angelegten Kapitals.
Der Anteil am Kohlen- und Wasserverbrauch, an den Steuern, Miete, Pacht, Versicherungen usw.
III. Die direkten Kosten oder Färbekosten.
Hierzu gehören:
Alle Kosten für das Herrichten, Färben, Appretieren usw. der betreffenden Partie.
Die Arbeitslöhne.
Die Kosten der für die Partie verbrauchten Beizen, Farbstoffe, Chemikalien, Appreturmittel, Hilfsmittel usw.

Bei der Berechnung der Selbstkosten für eine einzelne Partie rechnet man nicht einen besonderen Anteil an Abteilungs- und Generalunkosten, sondern es empfiehlt sich der größeren Einfachheit und Übersichtlichkeit halber, wie gesagt, diese beiden Posten wieder zusammenzuziehen und für jede Abteilung einen besonderen Satz für die gesamten Generalunkosten zu verrechnen.

Besondere Arbeiten der Färberei, die einmal ein in sich abgeschlossenes Ganzes bilden, andrerseits aber doch nur Teile der Gesamtfabrikation bei der Herstellung einzelner Farben bilden, wie z. B. das Mercerisieren, Bleichen in der Baumwollfärberei, können dann der Übersichtlichkeit und Einfachheit halber als Ganzes in die Kalkulation eingestellt werden. Man rechnet also beispielsweise bei den mercerisierten Färbepartien nicht jedesmal die besonderen Kosten für die Laugenbehandlung, das Spülen, Absäuern der Garne usw. sondern einfach ein für alle, mal den gegebenen festen Betrag für das Mercerisieren ohne Trocknung.

Erst eine genaue und getrennte Berechnung wenigstens der beiden Hauptkategorien von Kosten vermag am Ende des Jahres zu zeigen, wo gespart werden muß, oder wo ein etwas höherer Kostenaufwand die Hebung des Gesamtunternehmens erhoffen lassen würde. Es ist dann die Sache eines jeden, Mittel und Wege zu finden, wodurch die Kosten einerseits möglichst verringert und andererseits die Leistungsfähigkeit des Betriebes möglichst gesteigert werden können.

I. Die Generalunkosten.

Die wichtigste Grundlage für eine richtige Färbereikalkulation bildet eine genaue Berechnung der allgemeinen Unkosten, Generalunkosten oder Spesen.

In früheren Zeiten waren unsere heutigen großen Färbereien kleine handwerksmäßige Betriebe, die in der Hauptsache nur mit dem verbrauchten Material und dem Arbeitslohn zu rechnen hatten. Man konnte daher auch bezüglich der Unkosten in sehr einfacher Weise verfahren. Die Meister kalkulierten damals in der Weise, daß sie den Aufwendungen für Material und Arbeitslohn die Unkosten einfach in Form der damals gebräuchlichen Meistergroschen zuschlugen. Mit der Vergrößerung und fabrikmäßigen Ausgestaltung der Färbereibetriebe sowie durch die Anschaffung der Maschinen verringerten sich zwar die Aufwendungen für die Arbeitslöhne, dafür stiegen jedoch die Unkosten. Alle in einem modernen Betriebe der Färbereiindustrie erforderlichen Einrichtungen, wie Dampfkessel, Maschinen, Beleuchtungs- und Heizungsanlagen, vor allem auch die vermehrten kaufmännischen und technischen Hilfskräfte und die in den letzten zwanzig Jahren eingeführten zahlreichen sozialpolitischen Gesetze haben ihr Teil dazu beigetragen, daß die Unkosten einer jeden größeren oder kleineren Färberei in einer gegen früher ganz ungeahnten Weise angewachsen sind.

Selbst wenn eine Färberei nicht gerade viele und besonders verschiedenartige Abteilungen beschäftigt, so ist doch mit der Zeit das Unkostenkonto einer der wichtigsten und größten Ausgabeposten geworden, und es ist schon in Anbetracht dieser erheblichen Steigerung allen Färbereien eine recht genaue Unkostenberechnung dringend zu empfehlen. Fast überall erfährt man jedoch mit dahin zielenden Vorschlägen eine Ablehnung. Sie werden als bureaukratisch, umständlich und überflüssig zurückgewiesen, und zwar auch dann noch, wenn man sich unter dem Druck der Verhältnisse zu einer genaueren Berechnung der direkten Färbekosten schon entschlossen hatte. Man scheut eben jede Vermehrung der scheinbar unproduktiven Arbeit. Die Erfahrung hat aber gezeigt, daß die Aufstellung einer genauen Unkostenberechnung nur einen einmaligen Arbeitsaufwand verursacht. Nachdem die

Kalkulation aber einmal auf sichere Grundlagen gestellt ist, entsteht nicht nur keine Mehrarbeit, sondern die ganze Berechnung der Selbstkosten wird sogar bedeutend erleichtert, vereinfacht und beschleunigt. An Stelle des früheren langwierigen Erwägens und Schätzens der mutmaßlichen und wahrscheinlichen Unkosten tritt nun ein einfaches Zusammenaddieren einiger genau bekannter Posten, denen nur noch der Wert des verbrauchten Farbenmaterials und der Arbeitslohn hinzugezählt werden muß, um in genauester Weise die Höhe des Selbstkostenbetrages zu ergeben. Nur eine genaue und spezialisierte Unkostenberechnung kann es den größeren und vielseitigeren Färbereien ermöglichen, mit den scharf kalkulierenden Spezialfärbereien gleichen Schritt zu halten und wie diese genau auf die einzelne Farbe berechnete Färbepreise abzugeben, wie es die Konkurrenz verlangt. Denn je einfacher und spezialisierter ein Färbereibetrieb ist, umso leichter und genauer werden sich naturgemäß auch die Generalunkosten ermitteln lassen.

Ein aufmerksamer Beobachter der Färbereiindustrie wird immer wieder die Erfahrung machen müssen, daß diejenigen Färbereien, welche ihre Unkosten genau verrechnen, trotz der schärfsten Konkurrenz gute Erfolge aufzuweisen haben. Andere sehr bedeutende und in technischer Beziehung vielleicht leistungsfähigere Betriebe, in denen eine richtige Unkostenkalkulation noch als Nebensache betrachtet wird, arbeiten dagegen viel weniger glücklich, weil es ihnen unmöglich ist, ihr Unkostenkonto so einzuteilen und zu zergliedern, daß es sich der Eigenart und Arbeitsweise des betreffenden Betriebes vollständig anpaßt.

Sieht man sich ebenso die von verschiedenen Färbereien für eine Reihe von Farben abgegebenen Preise näher an, so kann man leicht erkennen, wie verschiedenartig die Unkostenberechnung in den einzelnen Betrieben vor sich gegangen sein muß. Einzelne Firmen, die in einigen Farben besonders billig sind, sind in den anderen desto teurer. Man wundert sich dann über das schmutzige Gebaren und die Preisdrückerei, während doch die in einigen Farben so billige Färberei durchaus keine unreellen Absichten hatte und nur nicht richtig zu kalkulieren verstand, indem sie ihre ganzen Unkosten durchschnittlich auf alle Farben verrechnete oder einen willkürlichen, noch unrichtigere Ergebnisse zeitigenden Prozentsatz für alle Farben annahm. Dieser Vor schlag, schätzungsweise, z. B. nach den Resultaten der letzten Bilanz, einen beliebigen Prozentsatz von etwa 20 oder 40 % von der Lohnsumme als Generalunkostenzuschlag auf alle Farben anzunehmen, erinnert an das gänzlich veraltete Verfahren der Meistergroschen. Trotzdem wird eine solche unbrauchbare Methode in der Färberei-Literatur hin und wieder empfohlen[1]). Bei einer solchen Rechenweise müssen naturgemäß die Spesen der scheinbar billigen Farben und Abteilungen von den teuren mitgetragen werden. Eine richtige Kalkulation mit verteilten Spesen würde dagegen sofort gezeigt haben, daß bei den scheinbar billigen Preisen mit direktem Verlust gearbeitet wurde. Wenn hier die Kundschaft des Färbers stets ein Einsehen hätte und teure wie billige Farben gleichmäßig bestellen würde, so hätte eine solche falsche Verrechnungsweise der Spesen weiter nichts zu sagen; denn am Schlusse des Jahres würde von selbst ein Ausgleich eintreten. Leider ist dies aber nirgends der Fall, sondern der Fabrikant läßt stets da färben, wo er am billigsten bedient wird. Die Folge hiervon ist, daß in den teuren Farben keine Aufträge hereinkommen, während das Geschäft in den billigen vorzüglich geht. Beim Jahresabschluß zeigt es sich dann meistens erst, daß trotz des guten Geschäftsganges im Ganzen mit Verlust gearbeitet worden ist, und man sieht erst dann, wie sehr man sich trotz des sorgfältig ausgerechneten Spesendurchschnittes ins eigene Fleisch geschnitten hat. Betriebsabteilungen, die infolge einer nicht ungünstigen Geschäftslage noch eine zufriedenstellende Rentabilität gezeigt hätten, ließ man untergehen, während auf der anderen Seite durchaus kein Nutzen erzielt wurde. Denn in den zu hoch veranschlagten Farben ist fast nichts bestellt worden, während sich die Aufträge in den zu billig kalkulierten Farben in einer geradezu unheimlichen Weise gehäuft haben. Das einzige Resultat aller Arbeit und Mühe sind nur die dauernd viel zu niedrigen Preise, zu denen man sich und die Konkurrenz veranlaßt hat. Um den Verlust nun möglichst wieder auszugleichen, drückt man dann seinerseits die Arbeitslöhne und die Preise für die Färbematerialien übermäßig herunter. Aber nichts als Unwillen und Ärger ist die Folge, das an den Fabrikanten verschenkte Geld bleibt unwiederbringlich verloren. Bergmann[2]) gibt

---

[1]) G. W., Deutsche Färber-Zeitung 1908, S. 754.
[2]) A. Bergmann, Zeitschr. Färberei und Appretur 1911, S. 245.

ein typisches Beispiel dafür an, wie schnell eine nicht spezialisierte Berechnung der Unkosten einzelner Abteilungen zu großen Schäden und zum vollständigen Ruin des ganzen Geschäfts führen kann.

II. Die Abteilungsunkosten.

Wie oben schon erwähnt, werden diese Unkosten nur in größeren und mit sehr verschiedenartigen Abteilungen arbeitenden Färbereien getrennt berechnet. Die Abteilungsunkosten sind ihrer Wesen nach keine besondere Art von Unkosten, sondern ihre Berechnung stellt nur eine spezielle und etwas eingehendere Form der Generalspeseneinteilung dar. Besondere Abteilungsunkosten als solche werden daher in die Kalkulationen meistens nicht eingesetzt[1]), sondern es ist praktischer, wenn ihre Berechnung in der Form geschieht, daß man die Höhe des vorhandenen Generalunkostenbetrages für jede besondere Abteilung auch getrennt berechnet. In besonders großen und sehr verschiedene Abteilungen umfassenden Betrieben pflegt man manchmal die unteilbaren Generalspesen, wie feststehende Entnahme des Besitzers, Verwaltung und kaufmännisches Personal, Nachtwächter, Portier usw., als solche für den ganzen Betrieb zu verrechnen und die Abteilungsspesen, wie Gehalt des Abteilungsmeisters, Miete, Versicherung, Amortisation der von der betreffenden Abteilung benutzten Maschinen und Gebäude usw., gesondert einzustellen und sie den obengenannten unteilbaren Generalunkosten zuzuschlagen. Die Gesamtsumme wird dann bei der Kalkulation einfach als Generalunkosten für die betreffende Abteilung gerechnet.

Ein Unterschied bezüglich der Genauigkeit besteht zwischen beiden Berechnungsarten nicht, so daß es jedem überlassen bleiben muß, die ihm am meisten zusagende und für die Eigenart seines Betriebes am besten passende Rechnungsart zu wählen. Ist z. B. die Höhe der unteilbaren Kosten stets dieselbe, dagegen der Anteil der Abteilungsunkosten ein verhältnismäßig hoher und

---

[1]) In dem Kalkulationsbeispiele am Schlusse des Buches wurden größerer Deutlichkeit halber beide Kategorien von Unkosten getrennt aufgeführt.

häufig wechselnder, so wird es sich mehr empfehlen, beide Kategorien getrennt zu berechnen. Im großen und ganzen ist es ziemlich gleich, auf welche Art man die Teilung der gesamten Unkosten in General- und Abteilungsunkosten vornimmt. Aber es ist notwendig, daß genau festliegt und scharf unterschieden wird, aus welchen Einzelheiten sich die Gesamtheit der Unkosten zusammensetzt, und jederzeit eine genaue Nachprüfung aller Einzelheiten vorgenommen werden kann. Jeder Färbereibesitzer oder verantwortliche Leiter einer Färberei wird schon empfunden haben, daß es nicht genügt, nur einmal im Jahre nach dem Abschluß hierüber Bescheid zu erhalten, sondern daß es dringend notwendig ist, sich stets auf dem laufenden zu erhalten und alle etwaigen Veränderungen nach Möglichkeit zu berücksichtigen. Ist der Unterschied zwischen einzelnen Abteilungen nur gering, so läßt sich auch für diese ein mittlerer Durchschnitts-Unkostensatz festlegen, der selbstverständlich die Verrechnung bedeutend einfacher gestaltet und, wenn die Notwendigkeit sich herausstellt, jederzeit geändert werden kann. Aber nicht oft kann eine solche Durchschnittsrate ohne große Beeinträchtigung der Genauigkeit angenommen werden.

Viel wichtiger ist es, die Berechnung selbst in konsequenter und bis ins Einzelne gehender Weise durchzuführen, um für jede Abteilung nur gerade diejenigen Kosten zu verrechnen, welche die Abteilung auch wirklich zu tragen hat. Diese Arbeit ist nicht leicht und läßt sich nicht in allen Betrieben ohne weiteres in ein paar Tagen fertigstellen. Es gehören vielmehr meist eine große Betriebserfahrung, tüchtige, technische Kenntnisse und eine längere Beobachtung dazu, um diese Kosten in richtiger und möglichst einwandfreier Weise festzustellen. Gerade die Berechnung der Abteilungsunkosten bildet in erster Linie ein Gebiet des Färbereitechnikers, nicht dasjenige des Kaufmannes, denn nur dem ersteren wird es möglich sein, alle diejenigen Bedingungen genau festzustellen, durch welche Kosten für eine besondere Abteilung entstehen. Die richtige Berechnung der Abteilungsunkosten stellt daher gewissermaßen die hohe Schule der Färbereikalkulation überhaupt dar. Nichts führt den Techniker mehr in den Betrieb ein und vermittelt so sehr eine eingehende Kenntnis des betreffenden Färbereibetriebes in wirtschaftlicher und in technischer Hinsicht, wie gerade das Studium der Abteilungsunkosten und das Bemühen, dieselben nach Möglichkeit zu verringern. Bei der Eigenart und Verschiedenheit der Abteilungsunkosten läßt sich nicht viel Allgemeines über dieselben sagen. Eine der wichtigsten Grundlagen für die Berechnung dieses Teils der Unkosten bildet aber zweifellos die genaue Feststellung des durchschnittlichen Dampfverbrauches jeder einzelnen Abteilung. Man darf sich bei dieser Feststellung keineswegs auf ein ungewisses Schätzen des vermuteten Anteils der Abteilung an dem allgemeinen Dampfverbrauch verlassen, sondern es ist unbedingt notwendig, der Kalkulation hier ein positives Zahlenmaterial zugrunde zu legen. Die Gelegenheit, nur die eine oder andere Abteilung der Färberei tageweise ganz allein im Betriebe zu haben, bietet sich sehr selten, und auch dann läßt das erlangte Zahlenmaterial viel zu wünschen übrig. An solchen Tagen, wo der ganze Betrieb ruht, pflegt erfahrungsgemäß auch in dieser einzelnen Abteilung keine ganz normale Tätigkeit zu herrschen. Auch ist es zu bedenken, daß der beispielsweise durch eine sehr lange und vielleicht schlecht isolierte Dampfleitung oder andere Ursachen entstehende Dampfverlust ganz allein von dieser einen Abteilung getragen werden muß, während sonst noch andere Abteilungen mit daran partizipieren.

Viel mehr Wert hat die zeitweise Feststellung des Dampfverbrauches für jeden einzelnen Kessel und Apparat, die jederzeit auch während des vollen Betriebes geschehen kann. Man bedient sich hierzu besonderer Dampfmesser, die in die Dampfleitung eingeschaltet werden, und es ist auf diese Weise möglich, den Dampfverbrauch festzustellen, den man während des Betriebes der Mercerisiermaschine, für die Pumpen oder für einen bestimmten Abkoch- oder Färbekessel hat. Mit Hilfe der am Dampfkessel selbst zu messenden Dampfmenge, der Feststellung des Kohlenverbrauches und der Wasserverdampfung findet man dann sehr leicht die für den Betrieb des betreffenden Kessels oder Apparates einzusetzenden Werte. Die Summe des Verbrauches aller zum Betriebe einer bestimmten Abteilung gehörenden Dampfapparate ergibt dann sofort die Höhe des für den Dampfverbrauch einzusetzenden Betrages der Abteilungsunkosten.

Wird die Abteilung durch ein einzelnes Dampfrohr gespeist,

Die Abteilungsunkosten. 41

so kann der Dampfmesser selbstverständlich auch hier eingeschaltet werden und man erhält dann den Dampfverbrauch der Abteilung an einer Stelle sofort. Die dauernde Einschaltung eines Dampfmessers ist nicht erforderlich und empfiehlt sich auch im allgemeinen nicht, weil die Dampfmesser sehr fein konstruiert und daher auch sehr empfindliche Apparate sind. Außerdem erfordert die ständige Beobachtung der Dampfmesser sehr viel Zeit. Ein zeitweises Einschalten des Messers und seine Beobachtung während einer längeren oder kürzeren Arbeitsperiode genügt vollkommen, um die gewünschten Durchschnittszahlen in einer zur Grundlage für die Kalkulation ausreichenden Genauigkeit zu erhalten.

Die zeitweise Einschaltung der Messer gibt nicht nur den Dampfverbrauch an, sondern hat auch noch andere Vorteile im Gefolge, indem sie dem Färbereileiter während dieser Zeit auch eine genaue Kontrolle über die Arbeitsweise des Betriebes und die wirtschaftliche Leistung des einzelnen Dampfapparates angibt. Die erhaltenen Resultate sind oft in mehrfacher Beziehung ganz außerordentlich interessant. Eine Maschine oder ein Dampfapparat, mit dessen Leistungen man sonst sehr zufrieden ist, erweist sich nun auf einmal als ein ungeheurer Dampffresser; während andere Einrichtungen, denen man vorher einen sehr hohen Dampfverbrauch zuschrieb, sich nun vielleicht als sehr ökonomisch und sparsam arbeitend herausstellen. Durch das vom Dampfmesser gelieferte Diagramm wird man durch einen etwa eintretenden abnorm hohen Dampfverbrauch gegenüber dem Verbrauch einer früheren Kontrollperiode auf etwa vorliegende Arbeitsfehler oder Betriebsschäden, die man sonst vielleicht gar nicht bemerkt hätte, aufmerksam gemacht und hat so Gelegenheit, diese zu beseitigen. Nicht unwesentlich ist es auch, daß das Personal sich schon durch das Vorhandensein des Dampfmessers kontrolliert fühlt und dadurch ganz von selbst auf einen möglichst sparsamen Dampfverbrauch bedacht ist. Schon allein die sichere Garantie, daß jede Dampfverschwendung vermieden wird, lohnt die Anschaffung des Dampfmessers, auch ohne Rücksicht auf die Bedürfnisse der Kalkulation.

Ein zweiter sehr wichtiger Posten, dessen Verrechnung wenigstens in den größeren Färbereien nach Möglichkeit unter den Abteilungsunkosten stattzufinden hat, ist der Wasserverbrauch.

Den Gesamtwert des verbrauchten Wassers und den Kostenaufwand für jeden Kubikmeter findet man mit genügender Genauigkeit aus dem Dampfverbrauch der Pumpen und der gehobenen Wassermenge, wozu noch die Kosten für die Verzinsung und Amortisation der benutzten Einrichtung kommen. Der Anteil, den jede Abteilung am Wasserverbrauch hat, kann sehr häufig genau genug durch ein einfaches Messen der Gefäße berechnet werden und durch die Feststellung, wie oft diese gefüllt werden müssen. Sicherer arbeitet jedenfalls auch hier ein Wassermesser, namentlich wenn es sich um die Feststellung des Wasserverbrauches von Spülvorrichtungen und Waschmaschinen handelt. Seine Verwendung ist aber wie diejenige des Dampfmessers mit einigen Umständen verknüpft.

Die für Verzinsung, Amortisation usw. entstehenden Kosten müssen so weit wie irgend möglich bei den Abteilungsunkosten verrechnet werden. Im übrigen ist es nicht notwendig, an dieser Stelle auf diese Kosten näher einzugehen, weil ihre Berechnung nur nach rein kaufmännischen Gesichtspunkten vorgenommen werden kann. Geeignete Literatur, die zu einer richtigen Verrechnung der Verzinsungs- und Amortisationsquote Anleitung gibt, ist ebenfalls reichlich vorhanden[1]).

Bei dem Kalkulationsbeispiele am Schlusse des Buches wurde eine Verzinsung, Tilgung und Amortisation von insgesamt 5 % für die Grundstücke und Gebäude und von 10 % für die Einrichtungen und Maschinen angenommen. Dieser an sich ziemlich niedrige Satz dürfte für eine ältere Baumwollgarnfärberei genügen; weil diese Färbereien in der Regel nicht übermäßig viel Platz beanspruchen und sich auch nicht in besonders kostspieligen Gebäuden befinden. Die Maschinen und Einrichtungen sind meistens ziemlich einfacher Art, weshalb man mit dem angegebenen Satz von 10 % vom Werte der Einrichtung, wenigstens nach einigen Jahren auskommen wird. In großen und sehr umfangreichen Färbereien, die mit einem wesentlich teureren Maschinenmaterial arbeiten muß selbstverständlich auch ein entsprechend höherer Prozentsatz angenommen werden. Diesen den gegebenen Verhältnissen ent-

---

[1]) Z. B. E. Schiff, Wertminderungen an Betriebsanlagen. Springer, Berlin 1909.

III. Die Färbekosten.

Neben den allgemeinen und Abteilungsunkosten müssen selbstverständlich bei einer richtigen Färbereikalkulation auch die durch das Färben selbst bedingten direkten Färbekosten, besonders der Material- und Farbstoffverbrauch, eine sehr eingehende Berücksichtigung finden. In dieser Beziehung bereitet die Abneigung vieler und in ihrem technischen Berufe sonst sehr tüchtiger Färbemeister gegen die Aufstellung der Kosten und überhaupt gegen alles Schriftliche oft die allergrößten Schwierigkeiten. Von größtem Nachteile ist hier namentlich die in vielen Färbereien leider noch herrschende Geheimniskrämerei. Ihr hat es der oft nur kaufmännisch geschulte Chef der Firma zu verdanken, wenn ihm über den Materialienverbrauch bei den einzelnen Farben so gut wie gar nichts bekannt ist. Erst die jährliche Aufnahme und Bilanz gibt ihm einen unvollkommenen Aufschluß darüber, wie gearbeitet worden ist. Vergleicht man nun aber die auf diese Weise erhaltenen Zahlen mit den dem Färbemeister für die einzelne Partie mühsam abgerungenen Angaben, so ergeben sich häufig die größten Unterschiede und Abweichungen, aber nur sehr selten eine einigermaßen genügende Übereinstimmung. In den meisten Färbereien wird leider überhaupt noch nicht abgewogen. Färber und Färbermeister, die über innegehabte gute Stellen sich ausweisen können, erklären, prinzipiell nichts zu wiegen, ein richtiger Färber wiege überhaupt nicht. In sehr großen Färbereien wird selbst für immer wiederkehrende Farben nicht abgewogen, sondern jedesmal nach Gefühl zugesetzt und herumprobiert. Auf diese idyllischen Zustände und die dadurch bedingte Chemikalienverschwendung usw. ist schon öfters hingewiesen worden[1]).

Derartige traurige Zustände finden sich überall; so berichtet auch Kl. (Kielmeyer) über einen Fall, wo er für die Färberei eine Wage verlangte und er darum auf dem Kontor für geistig nicht normal gehalten wurde[2]).

---

[1]) Färber-Zeitung 1909, S. 186.
[2]) Deutsche Färber-Zeitung 1907, S. 924.

Der Färbemeister glaubt seine Unentbehrlichkeit erhöhen zu können, wenn er den Chef keinen Einblick in seine Färbemethoden tun läßt. Er wünscht gerade, ihn im unklaren zu halten, und scheut manchmal selbst nicht davor zurück, direkt falsche Angaben zu machen. Aber auch wenn dies nicht der Fall ist, führt ein Mangel an schriftlichen Notizen und die Ungenauigkeit des Schätzens der nicht einmal abgewogenen Färbematerialien stets zu falschen Resultaten. Hier und da soll auch eine absichtlich unrichtige Angabe des Färbemeisters eine vielleicht früher im Materialienlager entstandene Lücke wieder ausfüllen helfen. Daß man auf einer derartigen Basis niemals eine richtige Berechnung der Färbekosten aufbauen kann, ist selbstverständlich.

Die Ursache dieser Erscheinungen, welche den Fachmann eines anderen Industriegebietes befremden mögen, sind auf die Entwicklungsgeschichte der Färberei und die zurzeit noch höchst mangelhafte Ausbildung der Färber[1]) zurückzuführen. Die Färber früherer Generationen gebrauchten nur die ihnen von der Natur gebotenen Farbstoffe, die sie nach alten Rezepten anwandten, welche vom Vater auf den Sohn vererbt und streng geheim gehalten wurden.

Es kam die Zeit der künstlichen Farbstoffe, die dem Färber Farbstoffe von früher nicht gekannter einfacher Färbeweise und Schönheit bot.

Die Entwicklung der Farbenindustrie wurde von den Färbern nicht schnell genug mitgemacht. Sie zogen aus der so schnell zur Blüte gekommenen angewandten Chemie keinen Nutzen, umsomehr da die Farbenfabriken den Färbern mit ausführlichen Rezepten, Gebrauchsanweisungen usw. zur Verfügung standen. Die Folge davon war, daß ein großer Teil der Färber von den Farbenfabriken abhängig wurde. In allen schwierigen Fällen wurden die Techniker der Farbenfabriken in Anspruch genommen, und zwar derart, daß auch heute noch in vielen Färbereien die Farbenfabriken die technische Auskunftsstelle für alle Betriebsstörungen sind, so daß man dem Ausspruche alter Färber, die heutigen Färber wären die Tagelöhner der Farbenfabriken, nicht alle Berechtigung absprechen kann.

Die letzten Jahre haben nun eine ungeahnte weitere Entwicklung der Farbstoffindustrie gebracht. Es entstanden die

---
[1]) Eppendahl, Färber-Zeitung 1909, Seite 186.

Die Färbekosten.

Schwefelfarbstoffe, die Küpenfarbstoffe, die Anthrachinon- und Indigoderivate. Ihr Färben stellt schon höhere Ansprüche an die technische Ausbildung. Täuscht nicht alles, so wird die Färberei durch die Verwendung gerade dieser Farbstoffe auf ein höheres, bisher nicht erreichtes Niveau kommen, und die den Färbereien durch einen scharfen Konkurrenzkampf zunächst aufgezwungene Notwendigkeit einer genauen Kalkulation wird zweifellos diese Entwicklung erleichtern und fördern.

Durch das Vorhandensein einer guten Farbenkalkulation wird gleichzeitig ein beim Austritt eines Färbemeisters sehr häufig auftretender Streitgegenstand aus der Welt geschafft. Es handelt sich dann vielfach darum, wem die Färberezepte und Verfahren gehören, nach denen im Betriebe bisher gearbeitet worden ist. Zum mindesten ist es ein außerordentlich rigoroses, wenn nicht ungesetzliches Verlangen eines Chefs, der sich nie recht um die Färberei gekümmert hat, wenn er zum Schluß verlangt, daß der scheidende Meister nun auf einmal alle seine Rezepte zurücklassen soll. Eine künftige Gerichtspraxis, die sich eingehend mit dieser Materie beschäftigt, wird hier niemals dem Chef recht geben und eine solche Forderung an den Meister stellen.

Ebenso zweifellos wird sie aber auch den Meister verpflichten, alle für die Kalkulation ständig erforderlichen Angaben in genauester und zutreffender Weise zu machen. Eine richtige Kalkulation gehört zu den Grundfesten des Geschäfts, und der Meister würde die Geschäftsinteressen durch die Verweigerung solcher Angaben auf das schwerste schädigen. Daß er dies nicht darf, ohne seine Pflichten in der gröbsten Weise zu verletzen, ist selbstverständlich.

Zur Kunst des Färbens gehört aber glücklicherweise doch noch viel mehr als die Kenntnis der Farbstoffe und Materialien, die in diesem oder jenem Falle angewandt werden können. Solche Angaben, die sich schließlich jeder von den verschiedenen Farbenfabriken verschaffen kann, machen noch lange keinen Färbemeister.

Alle jene für den richtigen Ausfall einer Färbepartie oft so außerordentlich wichtigen Tatsachen und Kniffe, wie die Reihenfolge der Zusätze, die Art des Aufsetzens und Umziehens sowie die besondere Behandlungsart gewisser schwieriger Waren und Farben sind für die Kalkulation nicht von Belang und bleiben daher unbeschränktes Eigentum des Meisters.

Auf diese Weise kommen beide Teile ohne weitere Auseinandersetzungen am besten zu ihrem Recht. Die Firma wird nicht geschädigt, denn sie ist in der Lage, dem neuen Meister die Kalkulationen vorzulegen, woraus derselbe wenigstens ungefähr sehen kann, wie er zu arbeiten hat, und für die erste Zeit gewiß manchen Anhaltspunkt findet. In allen übrigen Einzelheiten muß sich der neue Meister selbst zurecht finden, und ist er wirklich ein tüchtiger und brauchbarer Fachmann, so wird ihm dies auch in nicht allzulanger Zeit gelingen. Ist der neue Meister dagegen seinem Posten nicht gewachsen, so helfen ihm auch alle Rezepte seines Vorgängers nicht. Denn bald wechselt die Mode, es werden neue Farben verlangt, andere Ansprüche gestellt oder anderes Material zum Färben gesandt. Dann haben die alten Rezepte nicht den geringsten Wert mehr, und der neue Mann muß imstande sein, selbst neue Verfahren und Rezepte durchzuarbeiten und einzuführen.

Um den Verbrauch an Farbmaterialien feststellen zu können und damit erst die richtige Grundlage für eine genaue Kalkulation zu haben, ist es die erste Pflicht eines jeden Färbereibesitzers oder verantwortlichen Färbereileiters, mit der altmodischen Geheimniskrämerei gründlich aufzuräumen und einen etwaigen Widerstand des Färbemeisters gegen ausreichende schriftliche Aufzeichnungen zu brechen. Läßt sich dies durch Aufklärung oder Energie nicht gutwillig erreichen, so bleibt nur der Ersatz des Widerstrebenden durch eine einsichtigere Kraft, denn erfahrungsgemäß lassen sich derartige Leute niemals belehren, und es bleibt oft nur der Ausweg, sich geeignete Leute selbst anzulernen.

Andrerseits darf aber auch nicht verabsäumt werden, dem Meister Verständnis und Interesse für die Notwendigkeit einer geordneten Fabrikbuchführung und Kostenberechnung einzuimpfen. Denn wie kann man sonst von demselben erwarten, daß er die Färberei mit wirtschaftlichem Erfolge leitet, rationelle Färbemethoden schafft und diese erfolgreich einführt, wenn er nicht das wirtschaftliche Wesen des Betriebes und die eigenen sozialen Pflichten zu erfassen gelernt hat. Alle diese Dinge sind für einen brauchbaren Färbemeister mindestens ebenso wichtig wie tüchtige praktische Fachkenntnisse und theoretisches Verständnis.

Es ist durchaus verfehlt, den Färbemeister über

Die Färbekosten. 47

die Erfordernisse des Betriebes absichtlich im Dunkeln zu lassen, wie dies leider noch häufig genug geschieht, weil der Färbereibesitzer oder -leiter glaubt, alles selbst machen zu können, und nicht wünscht, daß dem Meister die Möglichkeit in die Hand gegeben wird, sich ein bis in die Einzelheiten genaues Bild davon zu machen, wie gearbeitet werden muß. Die Mitarbeit eines gewissenhaften und tüchtigen Meisters ist im Gegenteil schon zur eigenen Kontrolle des Leiters außerordentlich wertvoll. Der Betrieb kann nur gewinnen, wenn man einem gewissenhaften Mann auch in dieser Beziehung möglichstes Vertrauen schenkt. Dieses hebt ihn über das Niveau des einfachen Arbeiters und Färbers und wird ihm stets ein Ansporn sein, so viel wie irgend möglich zu leisten und an den Kosten zu sparen, wo er nur kann. Einen Mißbrauch dieses Vertrauens wird man, wenn bei der Auswahl der Persönlichkeit einigermaßen vorsichtig verfahren wurde, nur äußerst selten finden.

Schon aus diesen Gründen wird es auch nur in sehr seltenen Fällen wünschenswert erscheinen, den Färbemeister über die genaue Arbeitsweise im Unklaren zu lassen oder ihm gar, wie dies manchmal beliebt wird, in dieser Beziehung falsche Angaben zu machen, die man selbst nachher richtigstellt.

Gelingt es nicht, als Meister eine Persönlichkeit zu finden, die das volle Vertrauen des Chefs verdient, so ist es immerhin am wenigsten schädlich, wenn man derselben nicht falsche sondern überhaupt keine Angaben macht und alle in Betracht kommenden Kalkulations-Arbeiten immer selbst fertigstellt. In diesem Falle darf man nur nicht vergessen, daß ein Meister unmöglich ein großes Interesse an einer Arbeitsweise haben kann, die er nicht genau kennt. Ein solcher Mann kann überhaupt nicht mehr als Meister betrachtet werden; er steht kaum auf dem Niveau eines besseren Vorarbeiters.

Das Abwiegen der Farbstoffe ist weit genauer und empfehlenswerter als das manchmal übliche Abmessen in Vorrat gehaltener Farbstofflösungen. Hiervon ganz abgesehen, scheiden sich auch viele Farbstoffe aus ihren Lösungen sehr leicht aus, so daß ein einigermaßen quantitatives und genaues Arbeiten zur Unmöglichkeit wird.

Leider kommen die Farbenfabriken in dieser Hinsicht den noch auf alte Weise empirisch und ohne Wage arbeitenden Färbern

viel zu weit entgegen, indem sie Farbstoffe in flüssiger Form liefern und dies gar noch als einen Fortschritt hinstellen: „Die Anwendungsweise (der Farbstoffe) soll durch die neue Form außerordentlich erleichtert werden, da das umständliche Abwägen und das zeitraubende Auflösen völlig wegfällt[1]."
Andererseits werden auch viele Farbstoffe, z. B. die Küpenfarbstoffe, von ihren Herstellern mit Vorliebe in Teigform derartig verdünnt in den Handel gebracht, daß der Preis gegenüber dem Preise eines Kilos anderer Farbstoffe dem empirisch arbeitenden und nur wenig genau kalkulierenden Färber nicht übermäßig auffällt. Der Preis derselben Farbstoffe in Pulverform würde diesen Färbern zu hoch erscheinen und sie von der Verwendung abschrecken.

Trotzdem ist das Arbeiten mit den Farbstoffen in Pulverform für den vernünftig arbeitenden Färber viel angenehmer. Er erhält bei richtigem Abwiegen hiermit sehr zuverlässige und genaue Resultate; denn es kann niemals eine Konzentrationsveränderung eintreten, während hierdurch ein genaues Nachmusterfärben bei den Teigfarbstoffen oft ganz ausgeschlossen ist.

Ein genaues Abwiegen und Feststellen des Materialienverbrauches für jede einzelne Färbepartie erhöht erfahrungsgemäß das Verantwortungsbewußtsein und die Gewissenhaftigkeit nicht nur des Färbemeisters, sondern überhaupt jedes einzelnen Färbers. Nicht nur ist jeder bestrebt, mit möglichst wenig Material auszukommen, sondern er versucht auch, alle Färbemethoden des Betriebes so einfach und sicher wie nur irgend möglich zu gestalten. Das sogenannte „Aufschmieren" der Farben, wenn die Faser keinen Farbstoff mehr aufzunehmen vermag, fällt bald ganz fort, weil ein Blick auf den Materialienverbrauchszettel sofort zeigt, wie verwerflich ein solches Färben ist.

In sehr vielen, auch größeren Färbereien findet man noch die Einrichtung, daß nicht der Meister oder ein dazu angestellter Magazinverwalter die Herausgabe und das Abwiegen der Farbstoffe und Chemikalien besorgt, sondern daß dies die Aufgabe eines jeden selbständigen Färbers ist. Dieser holt sich auch oft diese Sachen nicht einmal selbst, sondern beauftragt damit den einen oder anderen seiner Gehilfen. Man sehe nur einmal von

---

[1] Die Thiogenfarbstoffe der Farbwerke vorm. Meister Lucius und Brüning, Höchst a. M. Nachtrag zu S. 26.

Die Färbekosten.

weitem und möglichst unbeobachtet zu, wie diese Färber und ihre Gehilfen abwiegen. Stets sinkt die Schale mit dem abgewogenen Material tief zu Boden, während die Gewichte hoch in die Höhe schnellen. Ein recht reichliches Wiegen soll dem Färber helfen, seine Farbe möglichst leicht und sicher zu erreichen; deshalb wird auch dem zur Wage beordneten Gehilfen vom Färber noch besonders eingeschärft recht „gut", d. h. reichlich zu wiegen. Der Gehilfe erfüllt gewissenhaft seine Pflicht und legt lieber gleich ein oder mehrere Gewichte mehr auf als nötig. Nicht selten kennt er auch die einzelnen Gewichtsstücke nicht einmal ganz genau. Ein Mehr von 50—100 g auf das abzuwiegende Kilogramm Farbstoff oder Chemikalien bildet unter diesen Umständen keine Seltenheit, sondern die Regel. Beim Abwägen von Extrakten, Farbstoffpasten, vielgebrauchten Chemikalien, wie den Säuren, Laugen, Chromkali, Chlorkalk usw., ist das Plus fast stets ein noch viel größeres. Daß diese Zahlen nicht zu hoch, sondern eher noch zu niedrig gegriffen sind, wird jeder Kundige bestätigen müssen. In einem Falle ging z. B. der Seifenverbrauch einer größeren Färberei auf ein Drittel des früheren zurück, nachdem die Herausgabe der Seife in eine Hand gelegt worden war und die Seife unter Verschluß gehalten wurde, anstatt, wie dies früher der Fall war, es jedem Färber zu überlassen, das von ihm benötigte Seifenquantum selbst zu holen. Bei einer Herausgabe aller Materialien durch ein und dieselbe Person lernen die Färber und ihre Gehilfen erst den Wert der Färbematerialien etwas kennen und werden sich ungefähr darüber klar, daß das zu reichliche Wiegen oder Garnichtwiegen eine direkte Vergeudung ist.

Man rechne sich einmal aus, wieviel nur jene zu viel gewogenen oder zu reichlich gemessenen 50 bis 100 Gramm im Jahre ausmachen. Beträgt der jährliche Materialienverbrauch einer Färberei beispielsweise 50 000 Mark, so sind 2500 bis 5000 Mark auf diese nutzlose Vergeudung zu rechnen. Jede Materialverschwendung, auch wenn sie nicht ganz so groß ist, kürzt direkt den mühsam herausgerechneten und herauszuwirtschaftenden Gewinn[1]) und ist sogar imstande, denselben vollständig aufzufressen, auch wenn man nicht gerade den oben erwähnten Fall der Seifenverschwendung zugrunde legt.

---

[1]) Siehe auch Leipziger Färber-Zeitung 1910, S. 256.

Wohl in jeder größeren oder auch nur mittelgroßen Färberei, in der man bisher nach dieser Richtung hin noch nicht ganz peinlich und gewissenhaft vorging, dürften die gemachten Ersparnisse hinreichen, um eine besondere Kraft für die **Materialverwaltung** und -herausgabe anzustellen. Diese hätte zudem nicht nur das Material- und Farbstofflager in Ordnung zu halten, sondern kann auch leicht dem Färbemeister und Färbereileiter die Hauptarbeit bei der Farbenkalkulation abnehmen. Der Materialverwalter kann in einem gut geleiteten Betriebe die ganze Vorkalkulation der einzelnen Färbepartien vollständig übernehmen, da ihm infolge seiner Stellung die verbrauchten Materialmengen ohnehin schon bekannt sind, und er diese nur auf den ihm vorzuweisenden Färbekarten einzutragen braucht.

Über die Eintragung und Verrechnung des für jede einzelne Färbepartie aufgewandten Arbeitslohnes wurde im Abschnitt über die Färbereibuchführung bei der Besprechung des Zettel- oder Kartensystems näheres angegeben.

Mit dieser Materialherausgabe und Vorkalkulation geht zweckmäßig die Führung eines **Musterbuches** Hand in Hand. Der Färbemeister ist anzuhalten, ein solches Musterbuch zu führen, in das eine kleine Farbprobe von jeder gefärbten Partie einzukleben ist, mit Angabe des Datums, der Partienummer und der verbrauchten Materialien[1]). Die Berechnung des Arbeitslohnes kann hier fortfallen, namentlich wenn dieselbe schon auf den Färbezetteln angegeben wird, damit der Meister durch Schreibwerk nicht allzusehr belastet wird. Durch eine nachherige Rückfrage läßt sich der Betrag für den Arbeitslohn auch später noch mit großer Leichtigkeit feststellen.

Man wende hier nicht ein, daß z. B. in einer größeren Couleurfärberei, in der genau nach Muster gefärbt werden muß, die Feststellung des Materialienverbrauches jeder einzelnen Farbe nicht durchführbar ist. Die Erfahrung hat gerade hier das Gegenteil gezeigt. Bei den großen Färbepartien erscheint ohnehin die genaue Feststellung des Materialienverbrauches schon ziemlich

---

[1]) In einigen Arten von Färbereibetrieben, z. B. in den Indigoküpenfärbereien, kann der Verbrauch an Farbstoff und Chemikalien nicht in dieser Weise, sondern genau nur im Durchschnitt durch Feststellung des Verbrauches und der damit gefärbten Warenmenge während eines bestimmten Zeitraumes berechnet werden.

Die Färbekosten. 51

selbstverständlich und wird sogar bei häufigem Vorkommen der Farbe zu einer unbedingten Notwendigkeit. Von den übrigen Farben wird meistens auch ein sehr großer Teil nach einer feststehenden Musterkarte gefärbt, bei der die Feststellung des Materialienverbrauches eine nur einmalige Arbeit bei der Aufstellung der Karte darstellt. Aber auch von dem verbleibenden Reste von Farben werden die meisten zu den häufig wiederkehrenden gehören, so daß die Feststellung des Materialienverbrauches hier ebenfalls eine nur einmalige Arbeit ist. Es verbleibt nun noch ein nur sehr geringer Rest von Farben, meistens auf kleinen Färbepartien, bei dem man schlimmstenfalls hier und da auch auf eine ganz genaue Berechnung des Materialienverbrauches verzichten kann. In den meisten Fällen wird sich aber die Farbe nach dem vorhandenen Musterbuche leicht feststellen lassen. Und auch wenn man hier nicht ganz genau dieselbe Nuance unter den älteren Färbepartien findet, so wird man doch fast stets eine genügend ähnliche finden, um auch den Verbrauch der neuen Farbe mit großer Genauigkeit feststellen zu können. Bei den wirklich zum ersten Male in Form von kleinen Musterpartien vorkommenden ganz neuen Farben ist eine genaue Kalkulation des Materialienverbrauches ohnehin selbstverständlich, denn es soll dem Kunden eine genaue Preisangabe bzw. eine Offerte in diesen Farben vorgelegt werden. Man versuche nur einmal die Feststellung des Materialienverbrauches gewissenhaft und nach besten Kräften durchzuführen, so wird man erstaunt sein, wie gering der Rest an solchen wirklich neuen Farben ist, die eine gänzliche Neufeststellung des Materialienverbrauches von Grund auf notwendig machen.

Wenn einzelne Färbereipraktiker wie z. B. Herzinger[1]) in dieser Beziehung anderer Meinung sind und das sich oft wiederholende Abwiegen kleiner Farbstoffquantitäten in einer größeren Couleurenfärberei für unmöglich halten, so liegt dies nur darin, daß eine solche Arbeitsweise ungenügend und auf einer falschen Organisations- und Kalkulationsgrundlage versucht worden ist. Wollte man in einer solchen Färberei von heute auf morgen plötzlich das Abwiegen aller Farbstoffe befehlen, so würde man selbstverständlich etwas ganz Unmögliches verlangen und sich

---

[1]) Textil- und Färberei-Zeitung 2, 796 (1904).

damit nur lächerlich machen. Mit einer solchen Umwandlung und Neuorganisation hat man vielmehr langsam und Schrittweise vorauszugehen, wie dies im ersten Kapitel näher ausgeführt wurde.

Die Anlage eines Musterbuches in Verbindung mit genauer Feststellung des Materialienverbrauches hat sich ganz besonders beim Färben der nur einmal vorkommenden und dann nicht wieder verlangten Saison- und Modefarben bewährt. Nichts erleichtert so sehr die schnelle und genaue Herstellung neuer Musterkollektionen wie das Vorhandensein eines umfangreichen Musterbuches mit recht genauen Materialangaben, und gerade auf die Schnelligkeit und Genauigkeit kommt bei der Herausgabe einer neuen Farbenkarte sehr viel an. Ein einfaches Nachschlagen und der Vergleich mit den Mustern des Buches zeigt genau oder doch wenigstens mit annähernder Genauigkeit, wie die betreffende Farbe mit den im Betriebe üblichen Farbstoffen erhalten werden kann, und welches von zwei ein ähnliches Resultat ergebenden Färbeverfahren zu bevorzugen ist. Jeder Färber weiß, wie schwierig es oft ist, ein mit ganz anderen Farbstoffen hergestelltes Muster mit den Farbstoffen des Betriebes ganz genau und in der gewünschten Exaktheit zu imitieren, und wie lange und planlos oft herumexperimentiert wird, bis die Farbe wirklich so genau stimmt, wie es der anspruchsvolle Kunde verlangt. Bei richtiger Benutzung eines Musterbuches mit zuverlässigen Angaben über den Materialverbrauch wird das Färben nach Muster ganz ungemein vereinfacht und erleichtert. Ein planloses Experimentieren und Zeitverschwenden ist vollkommen ausgeschlossen. Man hat sich genau nach den Angaben für das im Buche enthaltene ähnliche Muster zu richten und erhält dann durch geringes Nuancieren sehr leicht und sicher die gewünschte Farbe. Die Ersparnis an Zeit und Arbeitslohn ist es, die hierbei in erster Linie ins Gewicht fällt; denn Arbeitslohn ist bekanntlich derjenige Posten, der in den Selbstkosten der Färberei mit die größte Rolle spielt. Die Färbedauer, die vor Anlage des Musterbuches bei schwierigen Farben manchmal einen halben Tag betragen konnte, wird nachher auf 1—1½ Stunde reduziert.

Das Fasermaterial wird durch die verkürzte Färbedauer erheblich mehr geschont und bleibt wohlerhalten; unegale Partien kommen kaum noch vor, während vorher bisweilen das Zurverfügungstellen gerade der schwierigen Partien seitens des Fabri-

Die Färbekosten.

kanten der einzige Lohn für die gehabte viele Mühe war. Wie wichtig ein schnelles Färben und Treffen des richtigen Farbtones im Interesse der Schonung des Färbegutes ist, darüber wissen namentlich die Seiden- und Kuntseidenfärber zu berichten. Die Kosten für die Führung des Musterbuches werden allein schon durch die Zeitersparnis bei weitem aufgewogen.

Selbstverständlich darf aber durch die mit dem Musterbuche sowie auch durch die mit der Materialverwaltung verknüpften Arbeiten die Arbeitskraft des Färbemeisters oder gar des Färbereileiters und Chefs nicht allzusehr belastet werden. Die Zeit und Arbeitskraft dieser höchsten Instanzen der Färberei ist für den ganzen Betrieb viel zu wertvoll, um sie für eine so einseitige und teilweise sogar recht mechanische Arbeit zu verbrauchen, wie es das Abschneiden und Einkleben der Muster und die Notierung des Materialverbrauches darstellt. Für diese Tätigkeit in den größeren Färbereien dürfte vielmehr eine jüngere und billigere Kraft genügen, und nur in den kleinen und einfach gearteten Betrieben hätte der Färbemeister oder Chef diese Arbeiten mit zu besorgen.

Für einen fleißigen und gewissenhaften jungen Mann, der beabsichtigt, später einmal Färbemeister oder Färbereileiter zu werden, gibt es keinen instruktiveren Posten als gerade denjenigen des Materialverwalters und die Führung des Musterbuches. Einem gut vorbereiteten und geschulten jungen Manne wird es nicht schwer fallen, diesen Posten zu einem der wichtigsten des ganzen Betriebes auszugestalten. Zusammen mit der Führung des Musterbuches hat der Materialverwalter gewissermaßen den ganzen Betrieb in der Hand, und von der Genauigkeit und Gewissenhaftigkeit seiner Arbeiten ist der richtige Ausfall der Farben und damit erst ein gewinnbringendes, sicheres Arbeiten in allererster Linie abhängig.

Man hat selbstverständlich streng darauf zu achten, daß der Materialverwalter sich von keiner Seite verleiten läßt, irgendwie ungenau oder gar zu reichlich abzuwiegen. Ohne ungenau oder gar zu wenig abzuwiegen kann er eher die abgewogenen Mengen etwas knapp halten, wenn auch selbstverständlich nicht in so weitem Maße, wie früher zu reichlich gewogen wurde, und man wird finden, daß dies ohne jede Schädigung der Farben ganz gut möglich ist. Das Materialbudget wird hierdurch gleich sehr vorteilhaft beeinflußt. Die Hauptsache ist, das das Wiegen stets in genau derselben Weise geschieht, und die Art des Wiegens den gebräuchlichen Färbevorschriften genau angepaßt wird; denn durch ein diesen Vorschriften nicht entsprechendes Zuviel wird die Nuance ebenso ungünstig beeinflußt wie durch ein Zuwenig.

Aus allen diesen Gründen empfiehlt es sich, die Stellung des Materialverwalters nach Möglichkeit zu heben, jedenfalls aber sie höher zu stellen als diejenigen der Färber, auch wenn man ursprünglich nur einen intelligenten Mann aus dem Kreise der Färber herausgenommen und angelernt hatte. Ein tüchtiger Mann wird sich dann ganz von selbst sehr bald als die rechte Hand sowohl des Meisters als auch des Chefs erweisen. Selbstverständlich ist es durchweg notwendig, daß der Betreffende selbst Färber ist, d. h. er muß mit dem Färben der im Betriebe vorkommenden Farben genau bekannt sein. Auch ist es gut, wenn er über einige Kenntnisse der chemischen Natur der zur Verwendung gelangenden Farbstoffe und Chemikalien verfügt.

Aus dem letzteren Grunde erweisen sich manche der die **Färbereischule** verlassenden jungen Leute gerade für diesen Posten als besonders brauchbar. Beim Engagement eines derartigen jungen Mannes hat man sich aber davon zu überzeugen, daß derselbe auch wirklich etwas gelernt hat, fleißig und gewissenhaft ist und in den Betrieb und die Stellung, die er ausfüllen soll, gut hineinpaßt. Dem Wesen eines modernen und konkurrenzfähigen Färbereibetriebes ist erfahrungsgemäß die Schulweisheit eines früheren Färbereischülers allein nicht gewachsen; er muß praktische Erfahrungen und Kenntnisse außerdem noch mitbringen.

Ausschließlich zur Kontrolle der Farbstoffe und Chemikalien können nur sehr große Färbereien einen **Chemiker** anstellen. Für kleine und mittlere Färbereien würde ein Chemiker-Colorist, der nur analytisch arbeiten soll, viel zu teuer sein. Hier muß der Chemiker gleichzeitig Färber sein und sich in der Färberei so viel wie möglich betätigen. Nur dann ist es ihm möglich, Reformen und neue Verfahren mit Erfolg einzuführen und dadurch den Betrieb vorwärts zu bringen. Er muß alle mechanischen Arbeiten vollkommen beherrschen, um gegebenenfalls den Arbeitern vormachen zu können, wie er gearbeitet haben will. Dies ist ein sehr wesent-

Die Färbekosten. 55

licher Punkt, da die Arbeiter nur durch eigenes Eingreifen und Vorarbeiten von ihrer bisherigen Arbeitsweise und ihrem Schlendrian abzubringen sind. Durch eine angemessene und sachgemäße Anleitung der Färber in Verbindung mit ständiger Kontrolle der Materialverwaltung und des Musterbuches wird auf eine moderne Arbeitsweise in der Färberei allmählich hingewirkt.

Langsam kann dann auch mit färbereichemischen Untersuchungen angefangen werden. Die vollständige Neueinrichtung eines Laboratoriums auf einmal ist für einen kleineren Betrieb zu teuer und dürfte wohl in den meisten Fällen nicht so ohne weiteres bewilligt werden. Man hat dem nur kaufmännisch gebildeten Chef den Nutzen einer solchen erst darzutun, was aber einem eingearbeiteten, gut ausgebildeten jungen Färbereitechniker nicht schwer fällt. Schon die Ausführung von Probefärbungen neuer oder zu verschiedenen Preisen offerierter Farbstoffe wird diesen Nutzen zeigen. Die Nachprüfung oder Echtheit verschiedener Produkte gibt dem Betriebe die nötige Sicherheit und die Möglichkeit einer gewissen Garantieleistung.

Gerade die Untersuchung der Farbmuster ist ein Gebiet, auf dem man so recht erkennen kann, wie mangelhaft die Kalkulation in den Färbereien oft ist. Man kann hier die größten Überraschungen erleben und erfährt, daß die teuersten Farbstoffe oft gerade die billigsten sind. Farbstoffe, deren Benutzung der Meister wegen des zu hohen Preises ganz abgelehnt hatte, werden in den Betrieb eingeführt, und man sieht wie sehr der letztere sich nur vom Preise leiten ließ, wie gering sein sachliches Urteil ist, und wie wenig er zu rechnen versteht.

Die hierzu nötigen Laboratoriumsgeräte sind für wenige Mark zu kaufen. Ein Wasserbad fertigt der Schlosser oder Kupferschmied an, und diese Einrichtung genügt für den Anfang.

Wird so mit einfachen Mitteln der Nutzen eines Laboratoriums erwiesen, so wird dessen weiterer Ausbau keinen Widerstand mehr finden und wenig Schwierigkeiten mehr machen. Die einfacheren Untersuchungen kann ein gut geschulter und eingearbeitete Materialverwalter leicht noch neben seinen bisherigen Arbeiten ausführen. Später wird er in den niederen und mechanischen Arbeiten Unterstützung brauchen und sich zuverlässige Hilfskräfte heranbilden, um sich auf die technische Leitung zu konzentrieren und auch größere Arbeiten zum Nutzen des Ganzen ausführen zu können.

Er hat neue Methoden für den Betrieb auszuarbeiten und die bestehenden zu verbessern. Den Nutzen einer ständigen chemischen **Betriebskontrolle** vermag heute niemand mehr zu bezweifeln, und hierauf wurde von einsichtigen Fachleuten schon wiederholt hingewiesen[1]). Kleineren Färbereien, denen die Anstellung eines besonderen, gut ausgebildeten Technikers und Chemikers zu teuer sein würde, zeigt sich hier ein Weg, den Nutzen eines solchen ohne besonderen Aufwand zu erreichen, und dieser Weg ist nicht neu, sondern schon häufig mit Erfolg beschritten worden. Einem gutgeschulten, fähigen und eifrigen jungen Manne bietet eine solche Stellung mehr wie jede andere Gelegenheit, das Wesen des Betriebes bis in die Einzelheiten kennen zu lernen. Bei eintretendem Mangel an selbständigen Färbern oder großer Anhäufung der Arbeit ist er der Nächststehende, welcher einzutreten hat und bei etwaigem Fehlen eines Meisters oder gar des Färbereileiters hat er Gelegenheit, die Arbeit desselben nach Möglichkeit mit zu versehen, und es ist ihm so reiche Gelegenheit zum weiteren Lernen und Vorwärtskommen geboten.

Vornehmlich zur Ausbildung derartiger Betriebstechniker sind neben den technischen Hochschulen für fast alle Industriegebiete die **staatlichen Fachschulen** gegründet worden. Sie wollen im besonderen eine bessere theoretische und wissenschaftliche Ausbildung der Techniker erstreben. Die gute Entwicklung dieser Anstalten zeigt die zunehmende Anerkennung dieser Arbeit von seiten der Industrie. Wird diese Entwicklung fortschreiten, so wird von selbst mit der Zeit eine bessere Organisation auch der Färbereibetriebe eintreten.

Noch werden die meisten Färbereien nur von empirisch geschulten Meistern geleitet. Im besten Falle hat der Färbereibesitzer früher eine Fachschule oder einen Chemiekursus besucht. Aber er ist durch die kaufmännische Tätigkeit so sehr in Anspruch genommen, daß ihm meistens keine Zeit bleibt, sich um die technischen Angelegenheiten des Betriebes zu kümmern. So kommt es, daß der Färbereibesitzer erklärt, es sei ihm ganz gleich, in welcher Weise und mit welchen Farbstoffen der Färbemeister

---

[1]) Färber-Zeitung 1909, S. 369.

Die Färbekosten. 57

arbeite; die Hauptsache sei, daß möglichst viel fertiggestellt werde. So kommt es auch, daß der Färbemeister sich seinerseits keine Vorschriften von seinem Prinzipal machen lassen will, sondern in rohester, unvollkommenster Weise einfach darauf losarbeitet. Als ganz besonders schwer zugänglich erweist sich der Färbemeister, wenn der Chef nur Kaufmann ist oder die Färberei einem nur kaufmännisch gebildeten Prokuristen unterstellt wird.

Kann die Färberei dagegen einem wirtschaftlich, technisch und wissenschaftlich gründlich durchgebildeten Leiter unterstellt werden, der für den technischen Betrieb sein ganzes Wollen und Können einsetzt und auch die ganze Verantwortung zu tragen hat, so ist die Zukunft und das Vorwärtskommen der Färberei gesichert. Hierdurch allein kann die dringend notwendige Reform der ganzen Färbereiindustrie eingeleitet und allmählich eine bessere, zeitentsprechende Organisation der bisher nur empirisch arbeitenden Färbereien eingeleitet werden. Neben der kaufmännischen Organisation und der Einrichtung einer modernen Kalkulation muß sich die technische Organisation vollziehen. Die Zeit der Empirie entschwindet, der Zeit der Wissenschaft leuchtet das Morgenrot.

Beispiel der Färberei-Kalkulation für eine Baumwoll-Garnfärberei[1]).

Jährliche Produktion:
    455 000 Pfund engl. Schwarz,
    434 000 ,, ,, Bleiche,
    111 000 ,, ,, Farben auf ungebleichter Baumwolle [2])
Zusammen 1 000 000 Pfund engl.

Abteilungen: Bleicherei, Mercerisieranstalt, Couleurfärberei, Schwarzfärberei.
Die Fabrik beschäftigt inkl. Meister 25 Mann und 1 Buchhalter.

I. Generalunkosten.

Jährliche Produktion: 1 000 000 Pfund engl.

		Mark
a	Personenkonto	6 000,00
b	Salair des Buchhalters	1 800,00
c	Amortisation und Verzinsung der Bureaueinrichtung	100,00
d	Amortisation und Verzinsung des vom Bureau beanspruchten Gebäudeanteils	200,00
e	Geschirrkonto	850,00
f	Futterkosten, Versicherung und Tierarzt für ein Pferd	900,00
g	Lohn für den Kutscher	1 200,00
h	Bureauunkosten, Porti, Papier, Anzeigen usw.	500,00
i	Steuern und Versicherungen (Unfall-, Haftpflicht-, Feuer- usw.)	400,00
	Transport	11950,00

[1]) Dieses Beispiel enthält ganz willkürlich gewählte Zahlen und soll nur schematisch die Anlage einer beliebigen Färbereikalkulation zeigen. Ein Normalschema gibt es nicht. Ein solches soll auch in diesem Beispiel nicht aufgestellt werden.

[2]) Die auf gebleichte oder mercerisierte Baumwolle gefärbten Farben müssen hier zur Vermeidung einer zweifachen Berechnung fortgelassen werden.

Abteilungsunkosten.

		Mark
	Transport	11950,00
k	Gratifikationen, Unterstützungen, Vereinsbeiträge usw.	300,00
l	Kranken-, Alters- und Invalidenversicherung für 22 Arbeiter	510,00
m	Telephon, Heizen und Reinigen des Bureaus	350,00
n	Abzüge bei Zahlungen und Verluste	700,00
o	Kosten für Untersuchungen, Versuche, Zeitschriften usw.	100,00
p	Beleuchtung	200,00
q	Lohn für Heizer ¹) und Nachtwächter	1 375,00
r	Unvorhergesehenes und zur Abrundung	515,00
	Zusammen	16 000,00

An Generalunkosten für:
  1 000 000 Pfund engl. 16 000,00 M
      1 000   „   „   16,00 ²)
        100   „   „   1,60
         10   „   „   0,16
          1   „   „   0,02 ³)

II. Abteilungsunkosten.

A. Abteilung Bleicherei.

Jährliche Produktion: 434 000 Pfund engl.

		Mark
a	Lohnkonto:	
	Gehalt des Vorarbeiters (28 M pro Woche) ⁴)	1 456,00
	Alters-, Kranken- und Invalidenversicherung für den Vorarbeiter	23,92
b	Verzinsung und Amortisation des in der Bleicherei angelegten Gebäudekapitals mit 5 %	400,00
	Transport	1879,92

---

¹) Der Heizerlohn wird zweckmäßig schon bei den Generalunkosten und nicht erst beim Dampfverbrauch verrechnet, weil der Heizer meistens als Schlosser ausgebildet ist und von allen Abteilungen ziemlich gleichmäßig für Reparaturen und dgl. in Anspruch genommen wird.

²) Die auf verschiedene Einheiten berechneten General- und Abteilungsunkostenzuschläge erleichtern eine schnelle Berechnung derselben bei den direkten oder Färbekosten ganz außerordentlich.

³) Bei der Berechnung einzelner Pfunde wird nach oben hin abgerundet.

⁴) Die Löhne der übrigen, nicht ständig und nicht immer in gleicher Anzahl in Bleicherei beschäftigten Arbeiter werden bei den direkten Kosten verrechnet.

			Mark
		Transport	1879,92
c	Verzinsung und Amortisation der Bleichereieinrichtung 10 %		500,00
d	Reparaturen		100,00
e	Kohlen- bzw. Dampfverbrauch [1]) der Bleicherei		340,00
f	Wasserverbrauch		880,00
g	Feuerversicherung für die Bleicherei, Verschiedenes und zur Abrundung		100,08
		Zusammen	3 800,00

An Abteilungsunkosten für:

434 000 Pfund engl. 3 800,00 M
  1 000 ,,   ,,   8,75
    100 ,,   ,,   0,88
      10 ,,   ,,   0,09

B. Abteilung Mercerisieranstalt.

Jährliche Produktion: 240 000 Pfund engl.

		Mark
a	Reparaturen, Wartung, Schmieren der Mercerisiermaschine	640,00
b	Verzinsung und Amortisation des Gebäudes [2]) 5 %	150,00
c	Verzinsung und Amortisation der Mercerisiereinrichtungen 15 % [3])	1 600,00
d	Dampfverbrauch (Antrieb der Maschine und zum Mercerisieren)	780,00
e	Wasserverbrauch	910,00
f	Feuerversicherung, Unvorhergesehenes und zur Abrundung [4])	520,00
	Zusammen	4 600,00

---

[1]) Aus dem jährlichen Kohlenverbrauch, der Verzinsung und Amortisation der Dampfkesselanlagen usw. wird der Gesamtwert des jährlich produzierten Dampfes festgestellt. Die Gesamtmenge des Dampfes und die von der Bleichereiabteilung verbrauchte Dampfmenge stellt man durch zeitweise Einschaltung eines Dampfmessers ungefähr fest. Aus diesen Zahlen läßt sich dann der Wert des von der Bleicherei verbrauchten Dampfes sehr leicht berechnen. Die so gewonnenen Zahlen sind in jedem Fall genauer als die auf andere Weise oder nur durch Schätzung erhaltenen. (Siehe auch S. 40.)

[2]) Wenn die Abteilung kein besonderes Gebäude, sondern nur den Teil eines solchen beansprucht, sind Verzinsung und Amortisation diesem Teile entsprechend zu berechnen. In der Baumwollgarnfärberei dürfte eine Verzinsung und Amortisation von 5 % für ältere Färbereigebäude

An Abteilungsunkosten für:

240 000 Pfund engl.	4 600,00	M
1 000	„	„	19,16	„
100	„	„	1,92	„
10	„	„	0,19	„
1	„	„	0,02	„

C. Abteilung Couleur-Färberei.

Jährliche Produktion: 250 000 Pfund engl.

		Mark
a	Verzinsung und Amortisation des Gebäudes 5 % ..	500,00
b	Verzinsung und Amortisation der Färbereianlagen 10 %	964,00
c	Gehalt des Färbemeisters	2 080,00
d	Unfall-, Alters-, Invaliden- und Krankenversicherung des Färbemeisters	38,00
e	Kohlenverbrauch	2 080,00
f	Wasserverbrauch [5])	980,00
g	Reparaturen	300,00
h	Feuerversicherung, Verschiedenes und zur Abrundung	258,00
	Zusammen	7 200,00

An Abteilungsunkosten für:

250 000 Pfund engl.	7 200,00	M
1 000	„	„	28,20	„
100	„	„	2,88	„
10	„	„	0,29	„
1	„	„	0,03	„

ausreichen. Für neue Gebäude und in besonderen Fällen ist ein höherer Prozentsatz anzunehmen. (Siehe Seite 42.)

[3]) Für Abschreibungen auf die Mercerisiermaschinen ist in der Regel ein höherer Prozentsatz anzunehmen, weil diese Maschinen einem Verschleiß viel stärker ausgesetzt sind als die übrigen Einrichtungen der Garnfärberei im Durchschnitt. (Siehe auch die Fußnote unter Schwarzfärberei.)

[4]) Wegen Ausgabe von Gummihandschuhen, Schürzen und dgl. höher zu berechnen.

[5]) Verzinsung und Amortisation der Brunnen- und Pumpenanlagen und Dampfverbrauch der Pumpen dividiert durch die geförderte Wassermenge gibt den Wert für die Einheit des Wassers an, z. B. 0,03 oder 0,045 M für den Kubikmeter; durch zeitweise Einschaltung eines Wassermessers kann dann die von der betreffenden Abteilung jährlich verbrauchte Wassermenge ziemlich genau festgestellt werden. (Siehe S. 41.)

D. Abteilung Schwarzfärberei.

Jährliche Produktion: 455 000 Pfund engl.

		Mark
a	Lohnkonto: Lohn des Vorarbeiters 30 M die Woche	1 560,00
b	Unfall-, Alters-, Invaliden- und Krankenversicherung des Vorarbeiters	24,00
c	Verzinsung und Amortisation des Färbereigebäudes 5 %	400,00
d	Verzinsung und Amortisation der Färbereieinrichtung 10 % [1])	765,00
e	Reparaturen	200,00
f	Kohlen- bzw. Dampfverbrauch	6 504,00
g	Wasserverbrauch	726,00
h	Feuerversicherung, Verschiedenes und zur Abrundung	121,00
	Zusammen	10 300,00

An Abteilungsunkosten für:

455 000 Pfund engl. 10 300,00 M
1 000 „ „ 22,63 „
100 „ „ 2,26 „
10 „ „ 0,23 „
1 „ „ 0,03 [2])„

III. Direkte Kosten oder Färbekosten [3]).

A. Selbstkosten für das Abkochen (ohne Generalunkosten) [4]).

Jährliche Produktion: 1 000 000 Pfund engl.

		Mark
a	Chemikalien (Soda, Natronlauge usw.) [5])	1 900,00
b	Arbeitslohn [5])	3 420,00
c	Kohlenverbrauch (Dampf und Wasser) [5])	2 200,00
d	Verzinsung und Amortisation für Gebäude und Einrichtung [6])	702,00
e	Reparaturen und zur Abrundung	178,00
	Zusammen	8 400,00

---

[1]) Ein Satz von 10 % für Verzinsung und Abschreibungen genügt für die meisten der nur sehr einfach eingerichteten Baumwollstranggarnfärbereien, weil diese nur selten ein sehr dem Verschleiß und dem Unmodernwerden unterliegendes Maschinenmaterial benutzen. Für einzelne Maschinen, bei denen dies der Fall ist, z. B. Mercerisiermaschinen, ist ein höherer Satz zu berechnen.

[2]) Bei sehr kleinen Färbepartien können die Unkostenzuschläge nach oben hin abgerundet werden, um ganze Pfennige zu erhalten.

Direkte Kosten oder Färbekosten.   63

Abkochen für:

1 000 000	Pfund engl.	8 400,00	M
1 000	,, ,,	8,40	,,
100	,, ,,	0,84	,,
10	,, ,,	0,09	,,
1	,, ,,	0,01	,,

B. Selbstkosten für das Trocknen (ohne Generalunkosten).

Jährliche Produktion: 1 000 000 Pfund engl.

		Mark
a	Verzinsung und Amortisation des Gebäudeanteiles 5 %	40,00
b	Für Verzinsung und Amortisation des Wertes der Trockeneinrichtung, Trockenmaschinen, Dampfleitung, Garnbänke, Trockenstöcke usw. 10 %	279,00
c	Dampfverbrauch [7]	2 700,00
d	Arbeitslohn (1½ Mann jährlich) [8]	1 710,00
e	Reparaturen und zur Abrundung	71,00
	Zusammen	4 800,00

Trockenspesen für:

1 000 000	Pfund engl.	4 800,00	M
1 000	,, ,,	4,80	,,
100	,, ,,	0,48	,,
10	,, ,,	0,05	,,
1	,, ,,	½ Pf.	

---

[3] Die direkten Kosten für bestimmte, stets wiederkehrende Arbeiten werden der größeren Einfachheit halber ähnlich wie die Abteilungskosten als Ganzes berechnet und ebenso wie diese den übrigen Selbstkosten bei Berechnung der einzelnen Färbepartie zugeschlagen (siehe S. 34).

[4] Die Generalunkosten werden erst bei der Berechnung der einzelnen Farben zugezählt.

[5] Nach dem Durchschnitt des letzten Jahres, da ein genauer Verbrauch nur schwer und weniger genau zu ermitteln ist.

[6] Beide Posten sind hier der Einfachheit halber zusammengezogen.

[7] Bei Verwendung von Abdampf der Maschine zum Trocknen ist hierfür ein bestimmter Betrag einzusetzen, der selbstverständlich vom Dampfverbrauch der Maschine wieder abzuziehen ist.

[8] In der Trockenkammer werden 1—4 Mann nicht ständig beschäftigt. Im jährlichen Durchschnitt ergibt sich die Arbeitsleistung von 1½ Arbeitern. Die Versicherungsbeiträge für diese wurden, ebenso wie die der in der Abkocherei- und Mercerisieranstalt, gleichfalls nicht ständig beschäftigten Arbeiter schon bei den Generalunkosten verrechnet.

C. Selbstkosten für das Mercerisieren (ohne Generalunkosten)[1].

Berechnung für eine Partie von 100 Pfund engl. 40/2 Soft.

		Mark
a	Laugenverbrauch (Natronlauge 38—40° Bé)[2]	8,00
b	Arbeitslohn für Mercerisieren, Absäuern, Spülen, Schleudern	3,90
c	Schwefelsäure[2]	0,15
d	Abteilungsunkosten für Mercerisation (ad B)	1,92
	Zusammen	13,97

Mercerisieren für:

1 000 Pfund engl. 139,70 M
   100   „   „   13,97 „
    10   „   „   1,40 „
     1   „   „   0,14 „

D. Selbstkosten für das Bleichen.

Berechnung für eine Partie von 100 Pfund engl. 60/2 Zwirn.

		Mark
a	Fitzen des Garnes	0,24
b	Abkochen (ad. A. Selbstkosten für 100 Pfund engl.)	0,84
c	Chlorkalk	0,20
d	Schwefelsäure	0,20
e	Farbstoff zum Bläuen	0,02
f	Arbeitslohn	1,85
g	Trocknen (ad. B. Selbstkosten für 100 Pfund engl.)	0,48
h	Packen	0,50
i	Zuschlag für Generalunkosten	1,60
k	Zuschlag für Abteilungsunkosten (Bleicherei)	0,88
	Zusammen	6,81

Bleichen für Weissgarn:

1 000 Pfund engl. 68,10 M
   100   „   „   6,81 „
    10   „   „   0,68 „
     1   „   „   0,07 „

---

[1] Die Kosten für Abkochen, Fitzen, Trocknen, Packen sowie die Generalunkosten werden hier nicht mit berechnet, weil die zu mercerisierenden Garne stets auch noch gefärbt oder gebleicht werden. Die entsprechenden Zuschläge werden erst bei der Berechnung dieser Arbeiten gemacht. Ist ausnahmsweise eine Partie nur zu mercerisieren, so dürfen diese Zuschläge selbstverständlich nicht vergessen werden.

[2] Im Durchschnitt berechnet.

Direkte Kosten oder Färbekosten.   65

Bei der Vorbleiche für Couleuren sind diesem Betrage die Kosten für das:

	Mark
Fitzen und Abkochen	1,08
Trocknen und Packen	0,98
Generalunkosten	1,60
zusammen	3,66

abzuziehen. Die Vorbleiche ist also zu berechnen bei

```
1 000 Pfund engl.   31,50 M
    100    „      „   3,15 „
     10    „      „   0,32 „
      1    „      „   0,04 „
```

E. Selbstkosten für ein Hellbraun lichtecht.

Berechnung für eine Partie von 111 Pfund engl. 60/2 Zwirn.

		Mark
a	Fitzen [1]) des Garnes	0,27
b	Abkochen (ad. A.)	0,93
c	0,6 % Diamincatechin B 3,75 M p. kg (300 g)	1,13
d	2 % = 1 kg Diaminechtgelb B 3,00 M p. kg	3,00
e	0,25 % Benzolichtbordeaux 6 B 7,25 M p. kg	1,81
f	1 % Soda 10,00 M p. 100 kg ($1\frac{1}{2}$ kg)	0,05
g	15 % Glaubersalz kalz. 4,75 M p. 100 kg ($7\frac{1}{2}$ kg)	0,35
h	Arbeitslohn (4 Mann $2\frac{1}{2}$ Stunden)	3,90
i	Trocknen	0,53
k	Packen [2])	0,56
l	Generalunkosten	1,78
m	Abteilungsunkosten (Couleur-Färberei)	3,19
	Zusammen	17,50

Hellbraun lichtecht:
```
111 Pfund engl.   17,50 M
    100    „      „   15,72 „
     10    „      „    1,57 „
      1    „      „    0,16 „
```

---

[1]) Im Akkord bezahlter Fitzlohn, dem noch die Kosten für Fitzmaterial usw. zugezählt werden müssen. Im Durchschnitt stellt sich derselbe für 100 Pfund engl. auf 0,24 M.

[2]) Im Durchschnitt für die hier in Frage kommende Art der Verpackung zu zahlender Packlohn 0,50 M für 100 Pfund engl.

Zänker.   5

F. Selbstkosten für ein Scharlach säureecht.

Berechnung für eine Partie von 60 Pfund engl. 40/2 Zwirn.

		Mark
a	Abkochen	0,51
b	Fitzen	0,15
c	4 % Benzoechtscharlach 4 B S 6,25 M p. kg (1,08 kg)	6,75
d	2 % Soda 10,00 M p. 100 kg (½ kg)	0,06
e	30 % Gewerbesalz 2,80 M p. 100 kg (8,1 kg)	0,23
f	Arbeitslohn (2 Mann 2 Stunden) p. Mann und Stunde 0,39 M [1].	1,56
g	Trocknen	0,29
h	Packen	0,30
i	Generalunkosten	0,98
k	Abteilungsunkosten (Couleur-Färberei)	1,73
	Zusammen	12,56

Scharlach säureecht:

    60 Pfund engl. 12,56 M
   100 „   „   20,93 „
    10 „   „   2,09 „
     1 „   „   0,21 „

---

[1] Der einfacheren Berechnung halber wird für die Couleurfärberei unter Berücksichtigung der Lehrlinge der durchschnittliche Arbeitslohn für 1 Mann 1 Stunde 0,39 M angenommen. Dieser Durchschnitt muß recht häufig kontrolliert werden, was mit Leichtigkeit jederzeit geschehen kann, indem man für einen gewissen Zeitraum, z. B. eine Woche, die an alle Arbeiter der Abteilung gezahlte Lohnsumme feststellt und diese Zahl durch die Zahl der Arbeiter und wöchentlichen Arbeitsstunden dividiert. Außer dem für jede Färbepartie zu berechnenden produktiven Arbeitslohn müssen die unproduktiven Löhne berücksichtigt werden, d. h. der für Nebenarbeiten, wie Aufräumen, Reinmachen usw. gezahlte Lohn (siehe S. 18). Man setzt dafür den produktiven Lohn entsprechend höher in die Kalkulation ein. Das Verhältnis von produktivem zu unproduktivem Lohn findet man am besten wenn an die Zahlen des wirklich verbrauchten Arbeitslohnes für eine einzelne Partie und den während einer längeren Arbeitsperiode im Durchschnitt auf dieselbe Partie entfallenden Arbeitslohn vergleicht. Man nimmt dann den produktiven Arbeitslohn entsprechend höher an oder berechnet für jedes Pfund engl. einen entsprechenden Zuschlag (Siehe Seite 19).

G. Selbstkosten für ein Hellblau vorgebleicht.

Berechnung für eine Partie von 100 Pfund engl. 32/2 Seving.

		Mark
a	Kosten der Vorbleiche (ohne Generalunkosten, Trocknen und Packen) ¹)	5,27
b	22 g Diaminblau 3 B 5,75 M p. kg	0,13
c	½ kg Soda 10,00 M p. 100 kg	0,05
d	Arbeitslohn (4 Mann 2 Stunden) pro Mann u. Stunde 39 Pf.	3,12
e	Trocknen	0,48
f	Packen	0,50
g	Generalunkosten	1,60
h	Abteilungsunkosten (Couleur-Färberei)	2,88
	Zusammen	14,03

Hellblau vorgebleicht:
100 Pfund engl. 14,03 M
10 ,,   ,,   1,40 ,,
1 ,,   ,,   0,14 ,,

H. Selbstkosten für Crême, gebleicht und mercerisiert.

Berechnet für eine Partie von 22½ Pfund engl. 60/2 Zwirn.

		Mark
a	Bleichen ²)	1,53
b	Mercerisieren	3,15
c	0,01 % Benzolichtgelb 4 G 11,50 M p. kg (etwa 1 g)	0,01
d	Benzolichtrot unberechenbar kleine Menge, angenommen mit	0,01
e	3 % Marseillerseife 55,00 M p. 100 kg (30 g)	0,17
f	Arbeitslohn (2 Mann 1 Stunde)	0,78
g	Generalunkosten	0,00
h	Abteilungsunkosten (Couleur-Färberei)	0,66
	Zusammen	6,31

¹) Die Vorbleiche kann selbstverständlich auch ohne Fitzen und Abkochen hier eingestellt werden, wenn die Werte hierfür schon bei der Berechnung des Preises bei der Vorbleiche berücksichtigt worden waren. Ebenso gut könnte man das Trocknen und Packen schon bei der Vorbleiche einrechnen, wenn diese Arbeiten in der Bleicherei genau so ausgeführt werden wie in der Couleurfärberei. Es hängt dies von der speziellen Art des Betriebes ab. Auch die Generalunkosten können in die Vorbleiche einbezogen werden, wodurch die Berechnung der Farbe zum Schluß ganz außerordentlich vereinfacht wird. Diese und viele andere Kleinigkeiten und Vereinfachungen finden sich später im Betriebe mit etwas Übung und Erfahrung ganz von selbst.

68   Beispiel der Färberei-Kalkulation.

Crême, gebleicht und mercerisiert:
    22½ Pfund engl.   6,31 M
    100   „   „   28,04 „
    10   „   „   2,80 „
    1   „   „   0,28 [3]) „

J. Selbstkosten für ein Rosa, gebleicht und mercerisiert.

Berechnung für eine Partie von 50 Pfund engl. 20/2 Soft.

		Mark
a	Fitzen	0,12
b	Abkochen	0,42
c	Bleichen [4])	1,58
d	Mercerisieren (Selbstkosten a. d. Co.)	6,99
e	0,1 % Direktrosa T M 3,40 M p. kg (22 g)	0,08
f	5 % Marseillerseife 55,00 M p. 100 kg (1⅓ kg)	0,62
g	Arbeitslohn (2 Mann 1¼ Stunde)	0,96
h	Trocken	0,24
i	Packen	0,25
k	Generalunkosten	0,80
l	Abteilungsunkosten (Couleur-Färberei)	1,44
	Zusammen	13,50

Rosa, gebleicht und mercerisiert:
    50 Pfund engl. 13,50 M
    100   „   „   27,00 „
    10   „   „   2,70 „
    1   „   „   0,27 „

[2]) Die Bleiche (ad D.) ist hier zum vollen Werte für 22½ Pfund angenommen worden, wodurch sich die Rechnung bedeutend vereinfacht, weil man nicht nötig hat, die einzelnen darin enthaltenen Posten, wie Abkochen, Fitzen, Trocknen, Packen und Generalunkosten, noch einmal besonders auf 22½ Pfund umzurechnen. (Siehe auch Bemerkung auf der vorigen Seite.)

[3]) Bei Färbepartien von ungeradem Gewicht ist es stets notwendig, auf ein Normalgewicht von 1, 10 oder 100 Pfund engl. umzurechnen, je nachdem die Färbelöhne berechnet werden. Man ist dann imstande, dem Fabrikanten in der betreffenden Farbe sofort eine handelsübliche und genaue Offerte zu machen.

[4]) Berechnet wie ad D. für Vorbleiche angegeben. Diese Art der Berechnung würde hauptsächlich in Betracht kommen, wenn die Nebenarbeiten, wie Fitzen, Abkochen, Trocknen, Packen, nach Art der Couleurfärberei vorgenommen werden und sich hier etwas anders stellen als in der Bleicherei.

Direkte Kosten oder Färbekosten. 69

K. Selbstkosten für Marineblau ordinär.

Berechnung für eine Partie von 600 Pfund engl. 40/2 Seving, gefärbt in 6 Sätzen à 100 Pfund engl.

		Mark
a	Fitzen des Garnes	1,44
b	Abkochen	5,04
c	5,85 kg Diaminschwarz B H 2,16 M p. kg[1]), 3 % Ansatzbad, 2 % folgende Bäder	12,64
d	1,62 kg Diaminreinblau A 4,05 M p. kg, 1 % Ansatzbad, 0,6 % folgende Bäder	6,56
e	2 kg Soda 10,00 M p. 100 kg, 2 % Ansatzbad, $\frac{1}{2}$ % folgende Bäder	0,20
f	26 kg Glaubersalz kalz. 4,75 M p. 100 kg, 20 % Ansatzbad, 8 % folgende Bäder	1,24
g	Arbeitslohn (4 Mann 12 Stunden à 39 Pf.)	18,72
h	Trocknen	2,88
i	Packen	3,00
k	Generalunkosten	9,30
l	Abteilungsunkosten (Couleur-Färberei)	17,28
	Zusammen	78,30

Marineblau ordinär:

600 Pfund engl. 78,30 M
100 „ „ 13,05 „
10 „ „ 1,30 „
1 „ „ 0,13 „

L. Selbstkosten für Reinblau, vollständig waschecht (Indanthrenblau).

Berechnung für eine Partie von 80 Pfund engl. 16/2 Soft.

		Mark
a	Fitzen	0,19
b	Abkochen	0,67
c	10 % Indanthrenblau G C 2,60 M p. kg (3,6 kg)[2])	9,36
d	800 g Hydrosulfit konz. B A u. S F pulv. 1,95 M p. kg	1,56
e	12 kg Natronlauge 38—40° Bé 7,50 M p. 100 kg	0,90
f	1½ kg Schwefelsäure 60° Bé 8,00 M p. 100 kg	0,10
	Transport	12,78

---

[1]) Netto-Abschlußpreis des Farbstoffes bei Faßpackung und nach Abzug des Barwertes für Warenbonus.

[2]) Bei Verwendung stehender Bäder ist der Farbstoffverbrauch entsprechend niedriger, dafür ist der Farbstoffwert des stehenden Bades in Anrechnung zu bringen.

Beispiel der Färberei-Kalkulation.

		Mark
	Transport	12,78
g	2,88 kg Marseillerseife 55,00 M p. 100 kg	1,59
h	Arbeitslohn (4 Mann 3 Stunden à 39 Pf.)	4,68
i	Trocknen	0,38
k	Packen	0,40
l	Generalunkosten	1,24
m	Abteilungsunkosten (Couleur-Färberei)	2,30
	Zusammen	23,37

Reinblau, vollständig waschecht (Indanthrenblau):

```
            80 Pfund engl.  23,37 M
           100   ,,    ,,   29,11 ,,
            10   ,,    ,,    2,92 ,,
             1   ,,    ,,    0,29 ,,
```

M. Selbstkosten für Schwefelschwarz.

Berechnung für 1 000 Pfund engl. 40/2 Zwirn, gefärbt in 10 Sätzen à 100 Pfund engl.

		Mark
a	Fitzen	2,40
b	Abkochen	8,40
c	51,3 kg Immedialschwarz N G konz. 1,13 M p. kg 15 % Farbstoff im Ansatzbad 11 % Farbstoff folgende Bäder	57,97
d	39,15 kg Schwefelnatrium 11,00 M p. 100 kg 15 % im Ansatzbad 8 % folgende Bäder	4,30
e	6,3 kg Soda kalz. 11,00 M pr. 100 kg 5 % Ansatzbad 1 % folgende Bäder	0,70
f	35,55 kg Gewerbesalz 2,80 M p. 100 kg [1]......	1,00
g	9,3 kg Fett, 4,5 kg Stärke, 4,5 kg Leim, 1,12 kg Soda [2])	10,48
h	Arbeitslohn (4 Mann 20 Stunden à 39 Pf.)	31,20
i	Trocknen	4,80
k	Packen	5,00
l	Zuschlag für Generalunkosten	16,00
m	Zuschlag für Abteilungsunkosten (Schwarzfärberei) ..	22,63
	Zusammen	164,88

Schwefelschwarz:

```
         1 000 Pfund engl. 164,88 M
           100   ,,    ,,   16,45 ,,
            10   ,,    ,,    1,69 ,,
             1   ,,    ,,    0,17 ,,
```

[1]) Auf das Ansatzbad und die folgenden Bäder verteilt.
[2]) Schmierzusätze zu den Spülbädern.

N. Selbstkosten für Direktschwarz ordinär.

Berechnung für eine Partie von 2000 Pfund engl. 12/6 Biese, gefärbt in 20 Sätzen à 100 Pfund engl.

		Mark
a	Fitzen	4,80
b	Abkochen	16,80
c	36,9 kg Toluylenschwarz G 1,75 M p. kg, 6 °/₀ im Ansatzbad, 4 °/₀ folgende Bäder	64,58
d	99 kg Glaubersalz 4,75 M p. 100 kg, 30 °/₀ im Ansatzbad, 10 °/₀ folgende Bäder [1])	4,70
e	7,76 kg Soda 10,00 M p. 100 kg, 3 °/₀ Ansatzbad, 3 $_4$ °/₀ folgende Bäder [1])	0,78
f	Arbeitslohn (2 Mann 26 Stunden à 39 Pf.)	20,28
g	Trocknen	9,60
h	Packen	10,00
i	Generalunkosten	32,00
k	Abteilungsunkosten (Schwarzfärberei)	45,26
	Zusammen	208,80

Direktschwarz ordinär:

```
2000 Pfund engl.  208,80 M
1000    ,,    ,,  104,40 ,,
 100    ,,    ,,   10,44 ,,
  10    ,,    ,,    1,05 ,,
   1    ,,    ,,    0,11 ,,
```

[1]) Der Wert der verbrauchten Farbstoffe, Chemikalien usw. ist nicht allzu knapp zu berechnen, sondern kann eher nach oben hin etwas reichlicher abgerundet werden, als es direkt notwendig erscheint, um etwaige Verluste beim Abwiegen, bei Fehlpartien usw. auszugleichen, wie schon ad F, für den Arbeitslohn gesagt.

Literatur.

Gottl-Ottlilienfeld, Dr. F. v., Der wirtschaftliche Charakter der technischen Arbeit. Berlin 1910.
Ballewski, Albert, Der Fabrikbetrieb. Berlin 1907.
Freese, Heinrich, Die Gewinnbeteiligung der Angestellten. Gotha 1905.
Erlacher, Organisation von Fabrikbetrieben. Hannover 1908.
Glockemeier, G., Buchführung und Bilanzen. Berlin 1909.
Schiff, Emil. Die Wertminderung der Betriebsanlagen. Berlin 1909.
Taylor, Fred W., Die Betriebsleitung insbesondere der Werkstätten. Berlin 1911.
Ullmann, Dr. G., Die Apparatefärberei. Berlin 1905.
Erban Dr. Franz, Theorie und Praxis der Garnfärberei mit den Azoentwicklern. Berlin 1906.
Sperlich, A., Reform der Unkostenberechnung in Fabrikbetrieben. Hannover 1904.
Calmes, Dr. A., Der Fabrikbetrieb, die Buchhaltung, die Selbstkostenberechnung und die Organisation industrieller Betriebe. St. Gallen 1906.
Bernhard, Dr. Ludw., Handbuch der Löhnungsmethoden. Leipzig 1906.
Bergmann, A., Die Preisberechnung für Handwerk, Handel und Industrie. Leipzig 1910.
Bruinier, J., Selbstkostenberechnung für Maschinenfabriken. Berlin 1908.
Schmid, A., Regierungsrat, Die amerikanische Buchführung und ihre Anwendung in den verschiedenen Geschäftsbetrieben. Leipzig 1907.
Johanning, Albert P. N., Die Organisation der Fabrikbetriebe, Braunschweig 1908.
Herzfeld, Dr. J., Die Praxis der Färberei. Berlin 1893.
Leitner, Die Selbstkostenberechnung industrieller Betriebe. Frankfurt a. M. 1098.

Färber-Zeitung von Dr. A. Lehne. Berlin.
Deutsche Färber-Zeitung von Dr. A. Kielmeyer. Wittenberg.
Textil- und Färberei-Zeitung von Dr. K. Buntrock. Berlin.
Leipziger Färber-Zeitung. Leipzig.
Färberei und Appretur. Bernau-Berlin.

Verlag von Julius Springer in Berlin.

Anlage, Ausbau und Einrichtungen von Färberei-, Bleicherei- und Appretur-Betrieben. Von Professor Dr. **Paul Heermann**, ständ. Mitarbeiter und Leiter der textiltechnischen Prüfungen am Königlichen Materialprüfungsamt der Technischen Hochschule Berlin. Mit 90 Textfiguren. Preis M. 6,—; in Leinwand gebunden M. 7,—.

Die Inventur. Aufnahmetechnik, Bewertung und Kontrolle. Für Fabrik- und Warenhandelsbetriebe dargestellt von **Werner Grull**, Beratender Ingenieur, Erlangen. Mit zahlreichen Formularen.
Preis M. 6,—; in Leinwand gebunden M. 7,—.

Die Wertminderungen an Betriebsanlagen in wirtschaftlicher, rechtlicher und rechnerischer Beziehung (Bewertung, Abschreibung, Tilgung, Heimfallast, Ersatz und Unterhaltung). Von **Emil Schiff** (Berlin).
Preis M. 4,—; in Leinwand gebunden M. 4,80.

Buchführung und Bilanzen für technisch Gebildete von Dipl.-Ing. **G. Glockemeier.** Preis M. 2,—.

Einführung in das Wesen der doppelten Buchhaltung auf wirtschaftlicher und mathematischer Grundlage für Ingenieure und andere gebildete Techniker. Von Dr. **J. Fr. Schär**, Professor an der Handelshochschule Berlin. Preis M. 1,—.

Der Fabrikbetrieb. Praktische Anleitung zur Anlage und Verwaltung von Maschinenfabriken und ähnlichen Betrieben sowie zur Kalkulation und Lohnverrechnung. Von **Albert Ballewski.** Zweite, verbesserte Auflage. Preis M. 5.—; in Leinwand gebunden M. 6.—.

Der Betriebs-Chemiker. Ein Hilfsbuch für die Praxis des chemischen Fabrikbetriebes. Von Dr. **Richard Dierbach,** Fabrikdirektor. Zweite, verbesserte Auflage. Mit 117 Textfiguren. Preis M. 8,—.

Die Betriebsleitung insbesondere der Werkstätten (Shop management). Von **Fred W. Taylor.** Autorisierte deutsche Ausgabe von Prof. **A. Wallichs.** Mit 6 Figuren und 2 Zahlentafeln.
In Leinwand gebunden Preis M. 5,—.

Zu beziehen durch jede Buchhandlung.

Verlag von Julius Springer in Berlin.

Koloristische und textilchemische Untersuchungen. Von Professor Dr. **Paul Heermann.** Mit 9 Textfiguren und 3 Tafeln.
In Leinwand gebunden Preis M. 10,—.

Färbereichemische Untersuchungen. Anleitung zur Untersuchung und Bewertung der wichtigsten Färberei-, Bleicherei-, Druckerei- und Appretur-Materialien. Von Professor Dr. **Paul Heermann.** Zweite, erweiterte und umgearbeitete Auflage. Mit 5 Textfiguren und 3 Tafeln.
In Leinwand gebunden Preis M. 9,—

Anleitung zur qualitativen Appretur- und Schlichte-Analyse. Von Dr. **Wilhelm Massot,** Professor an der Färberei- und Appreturschule Krefeld. Zweite, erweiterte und verbesserte Auflage. Mit 42 Textfiguren und 1 Tabelle.
Preis M. 6,—, in Leinwand gebunden M. 7,—.

Technologie der Gewebeappretur. Leitfaden zum Studium der einzelnen Appreturprozesse und der Mitwirkungsweise der Maschinen. Von **Bernard Kozlik,** k. k. Professor in Wien. Mit 161 Textfiguren.
In Leinwand gebunden Preis M. 8,—.

Anilinschwarz und seine Anwendung in Färberei und Zeugdruck. Von Dr. E. **Noelting,** Direktor der städtischen Chemieschule in Mülhausen i. E., und Dr. A. **Lehne,** Geh. Regierungsrat, Abteilungsvorsitzendem im Kaiserlichen Patentamt. Zweite, völlig umgearbeitete Auflage. Mit 13 Textfiguren und 23 Zeugdruckmustern und Ausfärbungen auf 4 Tafeln. In Leinwand gebunden Preis M. 8,—.

Chemie der organischen Farbstoffe. Von Prof. Dr. **R. Nietzki** (Basel). Fünfte, umgearbeitete Auflage.
In Leinwand gebunden Preis M. 8,—

Theorie und Praxis der Garnfärberei mit den Azo-Entwicklern. Von Dr. **F. Erban.** Mit 68 Textfiguren.
In Leinwand gebunden Preis M. 12,—.

Die neueren Farbstoffe der Pigmentfarben-Industrie. Mit besonderer Berücksichtigung der einschlägigen Patente. Von Dr. **Rupert Staeble.** Preis M. 6,—, in Leinwand gebunden M. 7,—.

Zu beziehen durch jede Buchhandlung.

Verlag von Julius Springer in Berlin.

Die Apparatefärberei. Von Dr. **Gustav Ullmann.** Mit 128 Textfiguren. In Leinwand gebunden Preis M. 6,—.

Taschenbuch für die Färberei und Farbenfabrikation. Unter Mitwirkung von H. Surbeck herausgegeben von Professor Dr. **R. Gnehm** (Zürich). Mit Textfiguren. In Leinwand gebunden Preis M. 4,—.

Die künstliche Seide. Ihre Herstellung, Eigenschaften und Verwendung. Unter besonderer Berücksichtigung der Patentliteratur bearbeitet von Dr. **Karl Süvern.** Dritte, vermehrte Auflage.
Unter der Presse.

Die Farbenmischungslehre und ihre praktische Anwendung. Von **Karl Mayer,** Chemiker-Kolorist. Mit 17 Figuren und 6 Tafeln.
Preis M. 4,—, in Leinwand gebunden M. 4,80.

Malmaterialienkunde als Grundlage der Maltechnik. Für Kunststudierende, Künstler, Maler, Lackierer, Fabrikanten und Händler. Von Professor Dr. **A. Eibner** (München).
Preis M. 12,—, in Leinwand gebunden M. 13,60

Die Spinnerei in technologischer Darstellung. Ein Hand- und Hilfsbuch für den Unterricht in der Spinnerei an Spinn- und Textilschulen, technischen Lehranstalten und zur Selbstausbildung, sowie ein Fachbuch für Spinner jeder Faserart. Von **G. Rohn,** Direktor der Spinnereimaschinenfabrik von Oscar Schimmel & Co. A.-G. in Chemnitz. Mit 143 Textfiguren. In Leinwand gebunden Preis M. 3,60.

Die Abfassung der Patentunterlagen und ihr Einfluß auf den Schutzumfang. Ein Handbuch für Nachsucher und Inhaber deutscher Reichspatente. Von Dr. **Heinrich Teudt,** ständigem Mitarbeiter im Kaiserlichen Patentamt. Mit zahlreichen Beispielen und Auszügen aus den einschlägigen Entscheidungen.
Preis M. 3,60, in Leinwand gebunden M. 4,40.

Wann gelten technische Neuerungen als patentfähig? Ein Hilfsbuch für die Beurteilung der Patentfähigkeit. Von Dr. **Heinrich Teudt,** ständigem Mitarbeiter im Kaiserlichen Patentamt. Mit zanlreichen Beispielen und Auszügen aus den einschlägigen Entscheidungen und 17 Figuren. Preis M. 3,—, in Leinwand gebunden M. 3,80.

Zu beziehen durch jede Buchhandlung.

MIX
Papier aus verantwortungsvollen Quellen
Paper from responsible sources
FSC® C105338

If you have any concerns about our products,
you can contact us on
ProductSafety@springernature.com

In case Publisher is established outside the EU,
the EU authorized representative is:
**Springer Nature Customer Service Center GmbH
Europaplatz 3, 69115 Heidelberg, Germany**

Printed by Libri Plureos GmbH
in Hamburg, Germany